11-063 职业技能鉴定指导书

职业标准·试题库

# 装 表 接 电

## （第二版）

电力行业职业技能鉴定指导中心　编

## 电力工程　营业用电专业

中国电力出版社

CHINA ELECTRIC POWER PRESS

# 内 容 提 要

本《指导书》是按照劳动和社会保障部制定国家职业标准的要求编写的，其内容主要由职业概况、职业技能培训、职业技能鉴定和鉴定试题库四部分组成，分别对技术等级、工作环境和职业能力特征进行了定性描述；对培训期限、教师、场地设备及培训计划大纲进行了指导性规定。本《指导书》自出版后，对行业内职业技能培训和鉴定工作起到了积极的作用，本书在原《指导书》的基础上进行了修编，补充了内容，修正了错误。

试题库是根据《中华人民共和国国家职业标准》和针对本职业（工种）的工作特点，选编了具有典型性、代表性的理论知识（含技能笔试）试题和技能操作试题，还编制有试卷样例和组卷方案。

《指导书》是职业技能培训和技能鉴定考核命题的依据，可供劳动人事管理人员、职业技能培训及考评人员使用，亦可供电力（水电）类职业技术学校和企业职业学习参考。

**图书在版编目（CIP）数据**

装表接电：11—063/ 电力行业职业技能鉴定指导中心编. —2 版.
北京：中国电力出版社，2008.11.（2023.8重印）
（职业技能鉴定指导书）电力工程营业用电专业
ISBN 978-7-5083-7749-0

Ⅰ. 装… Ⅱ. 电… Ⅲ. 电工-安装-职业技能鉴定-教材 Ⅳ. TM05

中国版本图书馆 CIP 数据核字（2008）第 119802 号

中国电力出版社出版、发行
（北京市东城区北京站西街19号　100005　http://www.cepp.sgcc.com.cn）
望都天宇星书刊印刷有限公司印刷

各地新华书店经售
*
2002 年 8 月第一版
2008 年 11 月第二版　　2023 年 8 月北京第三十二次印刷
850 毫米×1168 毫米　32 开本　9.5 印张　242 千字
印数136001—137000册　　定价 **32.00** 元

# 电力职业技能鉴定题库建设工作委员会

## 第一版编审人员

编写人员：王左前　熊汉武　祝晓红
　　　　　崔向东　安　琼　覃　华
审定人员：杨云华　王孟文

## 第二版编审人员

编写人员（修订人员）：
　　　　　张　冰　杨　斌　韩建忠
审定人员：黄院臣　张金花　杨　林

# 说　明

为适应开展电力职业技能培训和实施技能鉴定工作的需要，按照劳动和社会保障部关于制定国家职业标准，加强职业培训教材建设和技能鉴定试题库建设的要求，电力行业职业技能鉴定指导中心统一组织编写了电力职业技能鉴定指导书（以下简称《指导书》）。

《指导书》以电力行业特有工种目录各自成册，于1999年陆续出版发行。

《指导书》的出版是一项系统工程，对行业内开展技能培训和鉴定工作起到了积极作用。由于当时历史条件和编写力量所限，《指导书》中的内容已不能适应目前培训和鉴定工作的新要求，因此，电力行业职业技能鉴定指导中心决定对《指导书》进行全面修编，在各网省电力（电网）公司、发电集团和水电工程单位的大力支持下，补充内容，修正错误，使之体现时代特色和要求。

《指导书》主要由"职业概况"、"职业技能培训"、"职业技能鉴定"和"鉴定试题库"四部分内容构成。其中，"职业概况"包括职业名称、职业定义、职业道德、文化程度、职业等级、职业环境条件、职业能力特征等内容；"职业技能培训"包括对不同等级的培训期限要求，对培训指导教师的经历、任职条件、资格要求，对培训场地设备条件的要求和培训计划大纲、培训重点、难点以及对学习单元的设计等；"职业技能鉴定"的依据是《中华人民共和国国家职业标准》，其具体内容不再在本书中重复；鉴定试题库是根据《中华人民共和国国家职业标准》所规定的范围和内容，以实际技能操作为主线，按照选择题、判断题、简答题、计算题、绘图题和论述题六种题型进行选题，并以难易程度组合排列，同时汇集了大量电力生产建设过程中具有普遍代表性和典型性的实际操作试题，构成了各工种的技能鉴定试题库。试题库的深度、广度涵盖了本职业技能鉴定的全部内容。题库之后还附有试卷样例和组卷方案，为实施鉴定命题提供依据。

《指导书》力图实现以下几项功能：劳动人事管理人员可根据《指导书》进行职业介绍，就业咨询服务；培训教学人员可按照《指导书》中的培训大纲组织教学；学员和职工可根据《指导书》要求，制订自学计划，确立发展目标，走自学成才之路。《指导书》对加强职工队伍培养，提高队伍素质，保证职业技能鉴定质量将起到重要作用。

本次修编的《指导书》仍会有不足之处，敬请各使用单位和有关人员及时提出宝贵意见。

电力行业职业技能鉴定指导中心

2008 年 6 月

# 目 录

说明

### 1 职业概况 ················································· 1

1.1 职业名称 ················································· 1
1.2 职业定义 ················································· 1
1.3 职业道德 ················································· 1
1.4 文化程度 ················································· 1
1.5 职业等级 ················································· 1
1.6 职业环境条件 ············································ 1
1.7 职业能力特征 ············································ 2

### 2 职业技能培训 ·········································· 3

2.1 培训期限 ················································· 3
2.2 培训教师资格 ············································ 3
2.3 培训场地设备 ············································ 3
2.4 培训项目 ················································· 3
2.5 培训大纲 ················································· 4

### 3 职业技能鉴定 ·········································· 13

3.1 鉴定要求 ················································· 13
3.2 考评人员 ················································· 13

### 4 鉴定试题库 ············································ 15

4.1 理论知识（含技能笔试）试题 ························· 17
4.1.1 选择题 ················································· 17

4.1.2 判断题 ……………………………………………… 65

4.1.3 简答题 ……………………………………………… 85

4.1.4 计算题 ……………………………………………… 131

4.1.5 绘图题 ……………………………………………… 181

4.1.6 论述题 ……………………………………………… 212

4.2 技能操作试题 ………………………………………… 243

4.2.1 单项操作 …………………………………………… 243

4.2.2 多项操作 …………………………………………… 266

4.2.3 综合操作 …………………………………………… 278

5  试卷样例 ……………………………………………… 287

6  组卷方案 ……………………………………………… 296

# 1 职业概况

## 1.1 职业名称

装表接电员（11—063）。

## 1.2 职业定义

检查验收内线工程、安装调换电能计量装置及熔断器并接电的工作人员。

## 1.3 职业道德

热爱本职工作，刻苦钻研技术，遵守劳动纪律，爱护工具、设备，安全文明生产，诚实团结协作，艰苦朴素，尊师爱徒。

## 1.4 文化程度

中等职业技术学校毕（结）业。

## 1.5 职业等级

本职业按照国家职业资格的规定，设为初级（国家五级）、中级（国家四级）、高级（国家三级）、技师（国家二级）、高级技师（国家一级）五个等级。

## 1.6 职业环境条件

室内、外作业。

## 1.7 职业能力特征

具有钳工的基本功，能用相应的工具装表接电，能分析、检查、判断设备运行的异常情况并能正确处理，能用精练语言进行联系、交流工作；具有领会理解和应用技术文件的能力，具有能准确而有目的运用数字进行运算的能力，具有凭思维想象几何形体和懂得三维物体的二维表现方法的能力和绘图能力。

# 2 职业技能培训

## 2.1 培训期限

**2.1.1** 初级工：累计不少于 500 标准学时。

**2.1.2** 中级工：在取得初级职业资格的基础上累计不少于 400 标准学时。

**2.1.3** 高级工：在取得中级职业资格的基础上累计不少于 400 标准学时。

**2.1.4** 技师：在取得高级职业资格的基础上累计不少于 500 标准学时。

**2.1.5** 高级技师：在取得技师职业资格的基础上累计不少于 350 标准学时。

## 2.2 培训教师资格

**2.2.1** 具有中级以上专业技术职称的工程技术人员和技师可担任初、中级工培训教师。

**2.2.2** 具有高级专业技术职称的工程技术人员和高级技师可担任高级工、技师和高级技师的培训教师。

## 2.3 培训场地设备

**2.3.1** 具备本职业（工种）基础知识培训的教室和教学设备。

**2.3.2** 具有基本技能训练的实习场所及实际操作训练设备。

**2.3.3** 所管辖厂、变电所控制盘运行设备。

## 2.4 培训项目

**2.4.1** 培训目的：通过培训达到《职业技能鉴定规范》对本职

业的知识和技能要求。

**2.4.2** 培训方式：以自学和脱产相结合的方式，进行基础知识讲课和技能训练。

**2.4.3** 培训重点：

（1）营业用电规范及电气安装工程施工及验收规程包括：

1）低压内线、配电室与电气装置。

2）电能计量装置原理、装拆、接线正误判断及正确处理。

3）电气设备二次回路的运行计算及故障分析。

4）装表接电、生产技术质量管理。

（2）安装接电包括：

1）安装和调换各类型电能表。

2）敷设和安装电能计量装置及二次回路接线。

3）画出安装各类计量装置接线图（单相、三相三线、三相四线、电能表、互感器）。

4）故障分析、判断和处理。

## 2.5 培训大纲

本职业技能培训大纲，以模块组合（MES）——模块（MU）——学习单元（LE）的结构模式进行编写，其学习目标及内容见表 1，职业技能模块及学习单元对照选择见表 2，学习单元名称见表 3。

表1                        培  训  大  纲

| 模块序号及名称 | 单元序号及名称 | 学习目标 | 学习内容 | 学习方式 | 参考学时 |
|---|---|---|---|---|---|
| MU1<br>安装接电人员职业道德及法规 | LE1<br>安装接电人员的职业道德及电力法规 | 通过本单元的学习之后，了解安装接电人员的职业道德规范，并能自觉遵守行为规范准则和电力法规的规定 | 1. 热爱祖国，热爱本职工作<br>2. 刻苦学习，钻研技术<br>3. 爱护设备、工具<br>4. 团结协作<br>5. 遵守纪律、安全文明<br>6. 尊师爱徒、严守岗位职责<br>7. 电力法规的内容 | 自学 | 2 |

| 模块序号及名称 | 单元序号及名称 | 学习目标 | 学习内容 | 学习方式 | 参考学时 |
|---|---|---|---|---|---|
| MU2<br>安全技术措施及微机 | LE2<br>安全措施 | 通过本单元学习后，了解安全规程并能做好安全工作 | 1. 电业安全工作规程（发电厂和变电所电气部分）<br>2. 保证安全的组织措施<br>3. 在继电保护、仪表二次回路上工作 | 自学 | 2 |
| | LE3<br>技术措施 | 通过本单元学习后，了解安全的技术措施，并能做好安全工作 | 1. 停电<br>2. 验电<br>3. 装设接地线<br>4. 悬挂标识牌及装设遮拦 | 自学 | 2 |
| | LE4<br>计算机的应用 | 通过微机的学习后，掌握微机性能，用于生产管理 | 1. 基本操作及技能<br>2. 微机管理<br>3. 装表、换表管理 | 结合实际讲解与自学 | 10 |
| MU3<br>电力生产和工具、仪表使用维护 | LE5<br>电力生产及交流电的特点 | 通过本单元的学习，了解电力生产过程，单相、三相交流电特点和一般计算 | 1. 电力生产简单过程<br>2. 变配电设备构造和工作原理<br>3. 电流、电压、有功和无功功率、阻抗导纳的计算及关系式<br>4. 单相交流电路的特点和接线方式<br>5. 三相交流电路的特点和接线方式 | 自学 | 20 |
| | LE6<br>正确使用和维护各种仪器仪表 | 通过本单元的学习后，了解掌握设备仪器的使用和维护 | 1. 熟练使用与本岗位有关工具<br>2. 熟知安全工具的正确使用及注意事项<br>3. 万用表、钳表、兆欧表、相序表的正确使用，各种电工仪表的维护和保管<br>4. IC卡等智能表的常数设置 | 自学 | 10 |

| 模块序号及名称 | 单元序号及名称 | 学习目标 | 学习内容 | 学习方式 | 参考学时 |
|---|---|---|---|---|---|
| MU4<br><br>电能计量装置 | LE7<br><br>单相、三相电能表 | 通过本单元学习，了解电能表工作原理，掌握其接线和安装规范 | 1. 单相电能表结构、工作原理和适用范围<br>2. 三相电能表结构、工作原理和适用范围<br>3. 熟知单、三相电能表的接线和安装规范 | 讲课 | 10 |
| | LE8<br><br>有功、无功电子式电能表 | 通过本单元学习，了解有功、无功电子式电能表原理、接线方式 | 1. 有功无功电能表结构、工作原理和接线<br>2. 分时表的结构、工作原理和接线<br>3. 电子式电能表的工作原理及接线<br>4. 懂得使用多功能电能表、专用费编程器、抄表器<br>5. 电力负荷控制器的分类、结构原理及运用 | 讲课 | 30 |
| | LE9<br><br>互感器 | 通过本单元学习，了解互感器的结构、原理及接线 | 1. 电流互感器的构造、工作原理和接线<br>2. 二次负荷对误差的影响<br>3. 电压互感器的构造、工作原理和接线<br>4. 电流互感器的变比误差及极性试验方法 | 讲课 | 20 |
| | LE10<br><br>二次回路、接地 | 通过本单元学习，了解计费用计量二次回路技术要求 | 1. 互感器接线方式<br>2. 计费用计量二次回路的技术要求<br>3. 低压接地方式的分类和运用 | 自学 | 10 |

| 模块序号及名称 | 单元序号及名称 | 学习目标 | 学习内容 | 学习方式 | 参考学时 |
|---|---|---|---|---|---|
| **MU5**<br>电能计量装置的配置 | **LE11**<br>电能计量装置配置的计算 | 通过本单元学习，了解电能计量装置配置 | 1. 根据用户电力、照明、电热等负荷大小，计算确定电能表的容量和互感器等级变比<br>2. 电能表型号、规格、用途、电能表常数的计算<br>3. 根据电能表和互感器的变流比和变压比，计算电能的计量倍率 | 自学 | 20 |
| | **LE12**<br>用户用电 | 通过本单元学习，了解用电负荷具有的特性 | 1. 各类用户用电负荷性质和特点<br>2. 用户功率因数及改善<br>3. 低压线路电压降的计算 | 自学 | 20 |
| **MU6**<br>电能计量装置的接线 | **LE13**<br>电能计量装置的接线 | 通过本单元学习，了解不同的电能计量方式组合，掌握多种联合接线 | 1. 分时电能表与多功能电能表的接线和调整<br>2. 电能计量装置的联合接线，并画出三相三线供电、双向无功电量分别计量，三相三线供电双向计量、有功、无功电量的联合接线图<br>3. 画出35kV及以下三相三线实行功率因数调整电价的电能表接线图<br>4. 35kV以上大接地电流系统实行功率因数调整电价的电能表接线图<br>5. 三相三线供电，供进、供出无功电量分别计量的联合接线图<br>6. 35kV以上大接地电流系统双向计量的联合接线图 | 讲课 | 30 |

7

| 模块序号及名称 | 单元序号及名称 | 学习目标 | 学习内容 | 学习方式 | 参考学时 |
|---|---|---|---|---|---|
| **MU6**<br>电能计量装置的接线 | **LE14**<br>电能计量装置接线判断分析 | 通过本单元学习，掌握、分析、判断电能计量错误接线的方法 | 1. 力矩法原理及检查判断步骤<br>2. 判断 B 相电压法和 A、C 相电压交叉法原理<br>3. 六角图法原理<br>4. 运用相量法分析电能计量装置错误接线的原理<br>5. 判断三相三线有功电能表 A、B、C 三相分别接错时的接线及相量，并计算电量更正系数 | 讲课 | 10 |
| **MU7**<br>高、低压用户接电及电气装置 | **LE15**<br>低压用户接电及电气装置 | 通过本单元的学习，熟练地掌握安装接电常用材料和进户装置 | 1. 常用导线的规格和安全载流量，各种导线的连接和技术规范<br>2. 常用电器材料的名称、规格、用途（导线、熔断器、闸刀开关、绝缘材料）<br>3. 低压内线安装工程图的识图知识<br>4. 电源进户方式和进户装置种类 | 自学 | 10 |
| | **LE16**<br>高压用户接电及电气装置 | 通过本单元的学习，掌握不同用户的接线方式、计量点、及接电计量装置的规定 | 1. 电能计量及配电装置的基本要求<br>2. 线路装置及接电装置基本要求<br>3. 接电用户接线方式规定<br>4. 专用线路供电用户计量点的规定 | 自学 | 10 |

| 模块序号及名称 | 单元序号及名称 | 学习目标 | 学习内容 | 学习方式 | 参考学时 |
|---|---|---|---|---|---|
| **MU7**<br><br>高、低压用户接电及电气装置 | **LE17**<br><br>负荷控制装置原理和有关计算 | 通过本单元的学习，掌握用户接线及技术规范 | 1. 各类负荷控制装置的构造和工作原理<br>2. 熟悉用户的用电性质、特点和改善用户的功率因数<br>3. 计算测试电路压降<br>4. 计算有关电气设备的电流<br>5. 用户接线实施技术规定 | 自学 | 30 |
| | **LE18**<br><br>电气设备二次回路运行特点和计量方式 | 通过本单元的学习，了解电气设备二次运行特点，根据用户负荷性质选用不同计量方式 | 1. 高、低压电气专业知识，内线安装及有关设计计算方法<br>2. 熟知电力系统结构和运行特点、二次回路运行试验<br>3. 无功补偿的种类、性能和工作原理<br>4. 各类计量方式及特点、分析处理错误接线<br>5. 多路电源用户综合最大需量计算 | 自学 | 20 |
| **MU8**<br><br>装表接电 | **LE19**<br><br>电能表安装和接电 | 通过本单元的学习，能熟练完成单相和三相电能表安装 | 1. 掌握识绘图知识，认识文字符号，配电电气设备安装图，一次、二次接线图，内线安装工程图<br>2. 计量装置安装工艺要求<br>3. 低压开关的种类结构及适用范围<br>4. 正确识别相线和零线，并进行单相带电作业<br>5. 更换 50A 及以下熔断丝、低压单相和三相电能表<br>6. 安装 100A 以下低压单相和三相电能表以及电流互感器和三相电能表的整套计量装置 | 自学 | 15 |

| 模块序号及名称 | 单元序号及名称 | 学习目标 | 学习内容 | 学习方式 | 参考学时 |
|---|---|---|---|---|---|
| MU8<br>装表接电 | LE20<br>高压电能表的安装 | 通过本单元的学习，能熟练完成较复杂线路和高压电能表的安装接线 | 1. 安装和调换 100A 及以下的单相和三相电能表、分时电能表<br>2. 安装和调换高压用户的有功、无功电能表<br>3. 检查电能计量装置并判断错误接线<br>4. 多功能电能表的安装和更换 | 自学 | 15 |
| MU9<br>内线工程安装调试验收及故障分析 | LE21<br>内线工程安装 | 通过本单元的学习，能进行大型内线工程安装、调试、验收 | 1. 掌握电缆安装及终端接头的检修质量标准，熟悉电缆头及附件材料的性能并能正确选用<br>2. 进行大型工程内线安装、调试、检查验收工作，正确分析判断工程中出现的重大缺陷及故障，并提出改进措施<br>3. 对内线工程检查验收并编写验收报告<br>4. 敷设和装接与电能计量有关的二次回路接线 | 自学 | 20 |
| | LE22<br>计量装置的检验 | 通过本单元的学习，对计量装置观测检验，发现故障并处理 | 1. 直流法测 TA 极性<br>2. 带电检查 TV 的接线是否正确，正确使用穿心式的电流互感器<br>3. 检查现场高压计量装置接线并改造不合理部分<br>4. 经对有功和无功电能表运行观测，发现异常，推算计量误差 | 自学 | 20 |

**表2　职业技能模块及学习单元对照选择表**

| 模块组合(MES) | 职业道德 | 安全技术管理 | 交流电和工具仪表 | 电能计量装置 | | | 高低压用户接电 | 装表接电 | |
|---|---|---|---|---|---|---|---|---|---|
| 模块 | MU1 | MU2 | MU3 | MU4 | MU5 | MU6 | MU7 | MU8 | MU9 |
| 内容 | 安装接电人员职业道德及法规 | 安全技术措施及微机 | 电力生产和工具仪表使用维护 | 电能计量装置 | 电能计量装置的配置 | 电能计量装置的接线 | 高、低压用户接电及电气装置 | 装表接电 | 内线工程安装调试验收及故障分析 |
| 参考学时 | 2 | 14 | 30 | 70 | 40 | 40 | 70 | 30 | 40 |
| 适用等级 | 初级中级高级技师高级技师 | 初级中级高级技师高级技师 | 初级中级高级技师 | 初级中级高级 | 初级中级高级 | 初级中级高级 | 初级中级高级技师 | 初级中级高级 | 初级中级高级技师 |
| 学习单元LE序号　初级 | 1 | 2、3、4 | 5、6 | 7、8、9、10 | 11、12 | 13、14 | 15、16、17、18 | 19、20 | 21、22 |
| 中级 | 1 | 2、3、4 | 5、6 | 7、8、9、10 | 11、12 | 13、14 | 15、16、17、18 | 19、20 | 21、22 |
| 高级 | 1 | 2、3、4 | 5、6 | 7、8、9、10 | 11、12 | 13、14 | 15、16、17、18 | 19、20 | 21、22 |
| 技师 | 1 | 2、3、4 | 5、6 | — | — | — | 15、16、17、18 | — | 21、22 |
| 高级技师 | 1 | 2、3、4 | — | — | — | — | — | — | — |

表3　　　　　　　　　　　学习单元名称表

| 单元序号 | 单元名称 | 单元序号 | 单元名称 |
|---|---|---|---|
| LE1 | 安装接电人员的职业道德及电力法规 | LE12 | 用户用电 |
| LE2 | 安全措施 | LE13 | 电能计量装置的接线 |
| LE3 | 技术措施 | LE14 | 电能计量装置接线判断分析 |
| LE4 | 计算机的应用 | LE15 | 低压用户接电及电气装置 |
| LE5 | 电力生产及交流电的特点 | LE16 | 高压用户接电及电气装置 |
| LE6 | 正确使用和维护各种仪器仪表 | LE17 | 负荷控制装置原理和有关计算 |
| LE7 | 单相、三相电能表 | LE18 | 电气设备二次回路运行特点和计量方式 |
| LE8 | 有功、无功电子式电能表 | LE19 | 电能表安装和接电 |
| LE9 | 互感器 | LE20 | 高压电能表的安装 |
| LE10 | 二次回路、接地 | LE21 | 内线工程安装 |
| LE11 | 电能计量装置计算 | LE22 | 计量装置的检验 |

# 3 ▽ 职业技能鉴定

## 3.1 鉴定要求

鉴定内容和考核双向细目表按照本职业（工种）《中华人民共和国职业技能鉴定规范·电力行业》执行。

## 3.2 考评人员

考评人员是在规定的工种（职业）、等级和类别范围内，依据国家职业技能鉴定规范和国家职业技能鉴定试题库电力行业分库试题，对职业技能鉴定对象进行考核、评审工作的人员。

考评人员分考评员和高级考评员。考评员可承担初、中、高级技能等级鉴定；高级考评员可承担初、中、高级技能等级和技师、高级技师资格考评。其任职条件是：

**3.2.1** 考评员必须具有高级工、技师或者中级专业技术职务以上的资格，具有 15 年以上本工种专业工龄；高级考评员必须具有高级技师或者高级专业技术职务的资格，取得考评员资格并具有 1 年以上实际考评工作经历。

**3.2.2** 掌握必要的职业技能鉴定理论、技术和方法，熟悉职业技能鉴定的有关法律、法规和政策，有从事职业技术培训、考核的经历。

**3.2.3** 具有良好的职业道德，秉公办事，自觉遵守职业技能鉴定考评人员守则和有关规章制度。

鉴定试题库

4

# 4.1 理论知识（含技能笔试）试题

## 4.1.1 选择题

下列每题都有 4 个答案，其中只有一个正确答案，将正确答案填在括号内。

**La5A1001** 我国现行电力网中，交流电压额定频率值定为（**A**）。

（A）50Hz；（B）60Hz；（C）80Hz；（D）25Hz。

**La5A1002** DSSD331 型电能表是（**A**）。

（A）三相三线全电子式多功能电能表；（B）三相四线全电子式多功能电能表；（C）三相三线机电式多功能电能表；（D）三相三线机电式多功能电能表。

**La5A1003** 关于电能表铭牌，下列说法正确的是（**B**）。

（A）D 表示单相，S 表示三相，T 表示三相低压，X 表示复费率；（B）D 表示单相，S 表示三相三线，T 表示三相四线，X 表示无功；（C）D 表示单相，S 表示三相低压，T 表示三相高压，X 表示全电子；（D）D 表示单相，S 表示三相，T 表示三相高压，X 表示全电子。

**La5A2004** 对于单相供电的家庭照明用户，应该安装（**A**）。

（A）单相有功电能表；（B）三相三线电能表；（C）三相四线电能表；（D）三相复费率电能表。

**La5A2005** 电能表铭牌上有一圆圈形标志,该圆圈内置一数字,如 **1、2** 等,该标志指的是电能表（**B**）。

（A）耐压试验等级；（B）准确度等级；（C）抗干扰等级；（D）使用条件组别。

**La5A2006** 根据欧姆定律,导体中电流 $I$ 的大小（**C**）。

（A）与加在导体两端的电压 $U$ 成反比,与导体的电阻 $R$ 成反比；（B）与加在导体两端的电压 $U$ 成正比,与导体的电阻 $R$ 成正比；（C）与加在导体两端的电压 $U$ 成正比,与导体的电阻 $R$ 成反比；（D）与加在导体两端的电压 $U$ 成反比,与导体的电阻 $R$ 成正比。

**La5A3007** **380/220V** 低压供电系统中,**380V** 指的是（**A**）。

（A）线电压；（B）相电压；（C）电压最大值；（D）电压瞬时值。

**La5A3008** 某一单相用户使用电流为 **5A**,若将单相两根导线均放入钳形电流表之内,则读数为（**D**）。

（A）5A；（B）10A；（C）52A；（D）0A。

**La5A3009** 熔丝的额定电流是指（**B**）。

（A）熔丝 2min 内熔断所需电流；（B）熔丝正常工作时允许通过的最大电流；（C）熔丝 1min 内熔断所需电流；（D）熔丝 1s 内熔断所需电流。

**La5A4010** 白炽电灯、电炉等电阻性设备,随温度升高其电阻值（**A**）。

（A）增大；（B）减小；（C）不变；（D）先增大后减小。

**La5A4011** 熔断器保护的选择性要求是（**C**）。

（A）后级短路时前、后级熔丝应同时熔断；（B）前级先熔断，后级起后备作用；（C）后级先熔断，以缩小停电范围；（D）后级先熔断，前级 1min 后熔断。

**La5A4012** 电能表是依靠驱动元件在转盘上产生涡流旋转工作的，其中在圆盘上产生涡流的驱动元件有（**D**）。

（A）电流元件；（B）电压元件；（C）制动元件；（D）电流和电压元件。

**La5A5013** 下列相序中为逆相序的是（**D**）。

（A）UVW；（B）VWU；（C）WUV；（D）WVU。

**La5A5014** 电阻和电感串联电路中，用（**C**）表示电阻、电感及阻抗之间的关系。

（A）电压三角形；（B）电流三角形；（C）阻抗三角形；（D）功率三角形。

**La5A5015** 三相电路中，用电设备主要有以下连接法，即（**D**）。

（A）三角形连接；（B）星形连接；（C）不完全星形连接；（D）三角形连接、星形连接、不完全星形连接。

**La4A1016** 截面均匀的导线，其电阻（**A**）。

（A）与导线横截面积成反比；（B）与导线长度成反比；（C）与导线电阻率成反比；（D）与导线中流过的电流成正比。

**La4A1017** 测量电力设备的绝缘电阻应该使用（**C**）。

（A）万用表；（B）电压表；（C）兆欧表；（D）电流表。

**La4A1018** 两元件三相有功电能表接线时不接（**B**）。

（A）U 相电流；（B）V 相电流；（C）W 相电流；（D）V 相电压。

**La4A2019** 在图 A-1 中，表示电能表电压线圈的是（**B**）。

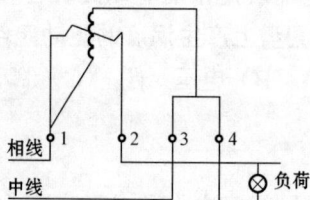

图 A-1

（A）1～2 段；（B）1～3 段；（C）3～4 段；（D）2～4 段。

**La4A2020** 已批准的未装表的临时用电户，在规定时间外使用电力，称为（**C**）。

（A）正常用电；（B）违约用电；（C）窃电；（D）计划外用电。

**La4A2021** 一段电阻电路中，如果电压不变，当电阻增加 1 倍时，电流将变为原来的（**B**）倍。

（A）1/4；（B）1/2；（C）2；（D）不变。

**La4A3022** 关于电流互感器下列说法正确的是（**B**）。

（A）二次绕组可以开路；（B）二次绕组可以短路；（C）二次绕组不能接地；（D）二次绕组不能短路。

**La4A3023**　关于电压互感器下列说法正确的是（**A**）。

（A）二次绕组可以开路；（B）二次绕组可以短路；（C）二次绕组不能接地；（D）二次绕组不能开路。

**La4A3024**　某商店使用建筑面积共 **2250m²**，则照明负荷为（**C**）（按 **30W/m²** 计算）。

（A）50kW；（B）100kW；（C）75kW；（D）2500W。

**La4A4025**　在低压内线安装工程图中,反映配线走线平面位置的工程图是（**A**）。

（A）平面布线图；（B）配线原理接线图；（C）展开图；（D）主接线图。

**La4A4026**　若电力用户超过报装容量私自增加电气容量,称为（**B**）。

（A）窃电；（B）违约用电；（C）正常增容；（D）计划外用电。

**La4A4027**　某三相三线线路中，其中两相电流均为 **10A**，则另一相电流为（**B**）。

（A）20A；（B）10A；（C）0A；（D）17.3A。

**La4A5028**　某单相用户功率为 **2.2kW**，功率因数为 **0.9**，则计算电流为（**C**）。

（A）10A；（B）9A；（C）11A；（D）8A。

**La4A5029**　单相交流机电式长寿命技术电能表的电压回路功耗不大于（**D**）。

（A）3W；（B）2.5W；（C）2W；（D）1W。

**La4A5030**　下列用电设备中产生无功最大的是（**D**），约占工业企业所消耗无功的 **70%**。

（A）荧光灯；（B）变压器；（C）电弧炉；（D）机电式交流电动机。

**La3A1031**　电压互感器文字符号用（**D**）标志。

（A）PA；（B）PV；（C）TA；（D）TV。

**La3A1032**　电流互感器文字符号用（**C**）标志。

（A）PA；（B）PV；（C）TA；（D）TV。

**La3A1033**　在低压线路工程图中信号器件的单字母文字符号用（**A**）标志。

（A）H；（B）K；（C）P；（D）Q。

**La3A2034**　若用户擅自使用已报暂停的电气设备，称为（**B**）。

（A）窃电；（B）违约用电；（C）正常用电；（D）计划外用电。

**La3A2035**　把并联在回路中四个相同大小的电容器串联后接入回路，则其电容量是原来并联时的（**D**）。

（A）4 倍；（B）1/4 倍；（C）16 倍；（D）1/16 倍。

**La3A2036**　LQJ–10 表示（**D**）。

（A）单相油浸式 35kV 电压互感器型号；（B）单相环氧浇注式 10kV 电压互感器型号；（C）母线式 35kV 电流互感器型号；（D）环氧浇注线圈式 10kV 电流互感器型号。

**La3A3037**　LFZ–35 表示（**A**）。

（A）单相环氧树脂浇铸式 35kV 电流互感器型号；（B）单相环氧浇注式 10kV 电压互感器型号；（C）母线式 35kV 电流互感器型号；（D）环氧浇注线圈式 10kV 电流互感器型号。

**La3A3038** 在同一回路相同负荷大小时，功率因数越高（C）。

（A）电流越大；（B）线路损耗越大；（C）线路压降越小；（D）线路压降越大。

**La3A3039** 用户的功率因数低，将不会导致（A）。

（A）用户有功负荷提升；（B）用户电压降低；（C）设备容量需求增大；（D）线路损耗增大。

**La3A4040** 在简单照明工程中不经常用到的图纸有（B）。

（A）配线原理接线图；（B）展开图；（C）平面布线图；（D）剖面图。

**La3A4041** 下列办法对改善功率因数没有效果的是（C）。

（A）合理选择电力变压器容量；（B）合理选择电机等设备容量；（C）合理选择测量仪表准确度；（D）合理选择功率因数补偿装置容量。

**La3A4042** 二次回路的绝缘电阻测量，采用（B）V 兆欧表进行测量。

（A）250；（B）500；（C）1000；（D）2500。

**La3A5043** 在一般情况下，电压互感器一、二次电压和电流互感器一、二次电流与相应匝数的关系分别是（C）。

（A）成正比、成正比；（B）成反比、成正比；（C）成正比、成反比；（D）成反比、成反比。

**La3A5044** 在单相机电式电能表中，除了（**C**）外，均设计了补偿调整装置。

（A）轻载调整装置；（B）相位角调整装置；（C）平衡调整装置；（D）防潜动装置。

**La3A5045** 国标规定分时计度（多费率）电能表每天日计时误差应不超过（**B**）。

（A）1s；（B）0.5s；（C）0.3s；（D）2s。

**La2A1046** 在低压线路工程图中 M 标志（**B**）类。

（A）发电机；（B）电动机；（C）电流表；（D）测量设备。

**La2A1047** 二极管的主要特性有（**A**）。

（A）单向导电性；（B）电流放大作用；（C）电压放大作用；（D）滤波作用。

**La2A1048** 把一条 **32m** 长的均匀导线截成 **4** 份，然后将四根导线并联，并联后电阻为原来的（**D**）。

（A）4 倍；（B）1/4 倍；（C）16 倍；（D）1/16 倍。

**La2A2049** 电压互感器（**C**）加、减极性，电流互感器（**C**）加、减极性。

（A）有，无；（B）无，有；（C）有，有；（D）无，无。

**La2A2050** 纯电感元件在正弦交流电路中，流过的正弦电流（**C**）。

（A）与电压同相位；（B）超前电压 90°相位角；（C）滞后电压 90°相位角；（D）滞后电压 30°相位角。

**La2A2051** 某线路导线电阻为 2Ω，电抗为 4Ω，终端接有

24

功负荷为 **200kW**，功率因数为 **0.85**，线路额定电压为 **10kV**，则电压损失为（**D**）。

（A）40V；（B）46V；（C）86V；（D）106V。

**La2A3052** 按 DL/T 825—2002 规定，二次回路的绝缘电阻不应小于（**A**）MΩ。

（A）5；（B）20；（C）100；（D）250。

**La2A3053** 普通单相机电式有功电能表的接线，如将火线与零线接反，电能表（**A**）。

（A）仍正转；（B）将反转；（C）将停转；（D）将慢转。

**La2A3054** 根据法拉第电磁感应定律，当与回路交链的磁通发生变化时，回路中就要产生感应电动势，其大小（**C**）。

（A）与回路中的电阻值成正比；（B）与回路中通过的磁通成正比；（C）与磁通的变化率成正比；（D）与回路中通过的磁通成反比。

**La2A4055** 只在电压线圈上串联电阻元件以改变夹角的无功电能表是（**B**）。

（A）跨相 90°型无功电能表；（B）60°型无功电能表；（C）正弦无功电能表；（D）两元件差流线圈无功电能表。

**La2A4056** 15min 最大需量表计量的是（**A**）。

（A）计量期内最大的一个 15min 的平均功率；（B）计量期内最大的一个 15min 功率瞬时值；（C）计量期内最大 15min 的平均功率的平均值；（D）计量期内最大 15min 的功率瞬时值。

**La2A4057** 中性点非有效接地系统一般采用三相三线有功、无功电能表，但经消弧线圈等接地的计费用户且年平均中性点电流（至少每季测试一次）大于（B）$I_N$（额定电流）时，也应采用三相四线有功、无功电能表。

（A）0.2%；（B）0.1%；（C）0.5%；（D）1.0%。

**La2A5058**　钳形电流表的钳头实际上是一个（B）。

（A）电压互感器；（B）电流互感器；（C）自耦变压器；（D）整流器。

**La2A5059**　在机电式电能表中，将转盘压花是为了（B）。

（A）增加导电性；（B）增加刚度；（C）防止反光；（D）更美观。

**La1A1060**　失压计时仪是计量（A）的仪表。

（A）每相失压时间；（B）失压期间无功电量；（C）失压期间有功电量；（D）失压期间最大需量。

**La1A1061**　电能表型号中"Y"字代表（C）。

（A）分时电能表；（B）最大需量电能表；（C）预付费电能表；（D）无功电能表。

**La1A1062**　电流互感器二次回路导线截面 $A$ 应按 $A = \rho L \times 10^6 / R_L$（$mm^2$）选择，式中 $R_L$ 是指（D）。

（A）二次负载阻抗；（B）二次负载电阻；（C）二次回路电阻；（D）二次回路导线电阻。

**La1A2063**　根据《供电营业规则》，用户的无功电力应（A）。

（A）就地平衡；（B）分组补偿；（C）集中补偿；（D）集中平衡。

**La1A2064**　计费用电能表配备的电压互感器，其准确度等级至少为（**B**）。

（A）1.0 级；（B）0.5 级；（C）0.2 级；（D）0.1 级。

**La1A2065** 下列设备中,二次绕组匝数比一次绕组匝数少的是（**B**）。

（A）电流互感器；（B）电压互感器；（C）升压变压器；（D）调压器。

**La1A3066** 安装在配电盘、控制盘上的电能表外壳（**A**）。

（A）无需接地；（B）必须接地；（C）可接可不接地；（D）必须多点接地。

**La1A3067** 在磁路欧姆定律中,与电路欧姆定律中电流相对应的物理量是（**A**）。

（A）磁通；（B）磁通密度；（C）磁通势；（D）磁阻。

**La1A3068** 下列各种无功电能表中,不需要附加电阻元件的是（**A**）。

（A）跨相 90°型无功电能表；（B）60°型无功电能表；（C）正弦无功电能表；（D）采用人工中性点接线方式的无功电能表。

**La1A4069** 根据规程的定义,静止式有功电能表是由电流和电压作用于固态（电子）（**D**）器件而产生与瓦时成比例的输出量的仪表。

（A）传感器；（B）加法器；（C）积分器；（D）乘法器。

**La1A4070** 关于功率因数角的计算,（**D**）是正确的。

（A）功率因数角等于有功功率除以无功功率的反正弦值；（B）功率因数角等于有功功率除以无功功率的反余弦值；（C）功

率因数角等于有功功率除以无功功率的反正切值；（D）功率因数角等于有功功率除以无功功率的反余切值。

**La1A4071**　电流铁芯磁化曲线表示的关系是（C）。

（A）电流和磁通成正比；（B）电流和磁通成反比；（C）电流越大磁通越大，但不成正比；（D）电流越大，磁通越小。

**La1A5072**　在变压器铁芯中，产生铁损的原因是（D）。

（A）磁滞现象；（B）涡流现象；（C）磁阻的存在；（D）磁滞现象和涡流现象。

**La1A5073**　当测量结果服从于正态分布时，随机误差绝对值大于标准误差的概率是（C）。

（A）50%；（B）68.3%；（C）31.7%；（D）95%。

**Lb5A1074**　经电流互感器接入的低压三相四线电能表，其电压引入线应（A）。

（A）单独接入；（B）与电流线共用；（C）接在电流互感器二次侧；（D）在电源侧母线螺丝出引出。

**Lb5A1075**　随着技术进步，我国电力网按供电范围的大小和电压高低将分为（A）。

（A）低压电网、高压电网、超高压电网和特高压电网；（B）低压电网、中压电网、高压电网；（C）低压电网、高压电网和超高压电网；（D）低压电网、高压电网和特高压电网。

**Lb5A1076**　千瓦时（kWh），是（B）。

（A）电功率的单位；（B）电量的单位；（C）用电时间的单位；（D）电流的单位。

**Lb5A2077** 配电柜单列布置或双列背对背布置,正面的操作通道宽度不小于(**C**)。

(A)1m;(B)2m;(C)1.5m;(D)3m。

**Lb5A2078** 绝缘导线 **BLVV** 型是(**D**)。

(A)铜芯塑料绝缘线;(B)铜芯塑料护套线;(C)铝芯橡皮绝缘线;(D)铝芯塑料护套线。

**Lb5A2079** **BV** 型导线是(**C**)。

(A)塑料绝缘护导线;(B)塑料绝缘铜芯软导线;(C)塑料绝缘铜芯导线。(D)塑料绝缘护套铜芯导线。

**Lb5A3080** 电能计量用电压互感器和电流互感器的二次导线最小截面积为(**B**)。

(A)$1.5mm^2$、$2.5mm^2$;(B)$2.5mm^2$、$4mm^2$;(C)$4mm^2$、$6mm^2$;(D)$6mm^2$、$20mm^2$。

**Lb5A3081** 绝缘导线的安全载流量是指(**B**)。

(A)不超过导线容许工作温度的瞬时允许载流量;(B)不超过导线容许工作温度的连续允许载流量;(C)不超过导线熔断电流的瞬时允许载流量;(D)不超过导线熔断电流的连续允许载流量。

**Lb5A3082** 敷设在绝缘支持物上的铝导线(线芯截面为 $4mm^2$),其支持点间距为(**C**)。

(A)1m 及以下;(B)2m 及以下;(C)6m 及以下;(D)12m 及以下。

**Lb5A3083** 如用三台单相电压互感器 **Y** 接成三相互感器组,则其一次额定电压应为供电电压的(**B**)倍。

（A）$\sqrt{3}$；（B）$1/\sqrt{3}$；（C）1；（D）1/3。

**Lb5A3084** 进户杆有长杆与短杆之分，它们可以采用（**C**）。

（A）混凝土杆；（B）木杆；（C）混凝土杆或木杆；（D）不能用木杆。

**Lb5A3085** 用于进户绝缘线的钢管（**C**）。

（A）必须多点接地；（B）可不接地；（C）必须一点接地；（D）可采用多点接地或一点接地。

**Lb5A3086** Ⅳ类电能计量装置配置的有功电能表的准确度等级应不低于（**B**）。

（A）3.0级；（B）2.0级；（C）1.0级；（D）0.5级。

**Lb5A3087** 居民使用的单相电能表的工作电压是（**A**）。

（A）220V；（B）380V；（C）100V；（D）36V。

**Lb5A3088** 国家标准规定，**10kV** 及以下电压等级用户，受电端电压正负偏差是（**B**）。

（A）±10%；（B）±7%；（C）±5%；（D）+7%，−10%。

**Lb5A3089** 区分高压电气设备和低压电气设备的电压是（**D**）。

（A）220V；（B）380V；（C）500V；（D）1000V。

**Lb5A3090** 低压配电网络中采用的刀开关（**B**）。

（A）适用于任何场合；（B）适用于不频繁地手动接通和分断交直流电路；（C）适用于频繁地手动接通和分断交直流电路；（D）适用于自动切断交直流电路。

**Lb5A3091** 对低压照明用户供电电压允许偏差是（**C**）。

（A）±10%；（B）±7%；（C）+7%，−10%；（D）+10%，−7%。

**Lb5A4092** 下面不符合国家规定的电压等级是（**B**）。

（A）10kV；（B）22kV；（C）220kV；（D）500kV。

**Lb5A4093** 熔体的反时限特性是指（**C**）。

（A）过电流越大，熔断时间越长；（B）过电流越小，熔断时间越短；（C）过电流越大，熔断时间越短；（D）熔断时间与过电流无关。

**Lb5A4094** 在低压配电中，下列适用于潮湿环境的配线方式是（**C**）。

（A）夹板配线；（B）槽板配线；（C）塑料护套线配线；（D）瓷柱、瓷绝缘子配线。

**Lb5A4095** 在低压配电中，易燃、易爆场所应采用（**D**）。

（A）瓷柱、瓷绝缘子配线；（B）塑料护套线配线；（C）PVC管配线；（D）金属管配线。

**Lb5A4096** 在低压配电中，不能用于潮湿环境的配线方式是（**C**）。

（A）塑料护套线配线；（B）瓷柱、瓷绝缘子配线；（C）槽板配线；（D）金属管配线。

**Lb5A5097** 在两相三线供电线路中，中性线截面为相线截面的（**D**）。

（A）2 倍；（B）1.41 倍；（C）1.73 倍；（D）1 倍，即截面相等。

**Lb5A5098** 在三相四线供电线路中,中性线截面应不小于相线截面的(**D**)。

(A) 1 倍;(B) 1/$\sqrt{3}$ 倍;(C) 1/3 倍;(D) 1/2 倍。

**Lb5A5099** DT 型电能表在平衡负载条件下,**B** 相元件损坏,电量则(**A**)。

(A) 少计 1/3;(B) 少计 2/3;(C) 倒计 1/3;(D) 不计。

**Lb5A5100** 在电力系统正常的情况下,电网装机容量在 300 万 kW 及以上的,供电频率的允许偏差是(**B**)。

(A) ±0.5Hz;(B) ±0.2Hz;(C) ±0.1Hz;(D) ±1Hz。

**Lb4A1101** 计量二次回路可以采用的线型有(**A**)。

(A) 单股铜芯绝缘线;(B) 多股铜芯绝缘软线;(C) 单股铝芯绝缘线;(D) 多股铝芯绝缘线。

**Lb4A1102** 进户点的离地高度一般不小于(**B**)m。

(A) 2;(B) 2.5;(C) 3;(D) 4。

**Lb4A1103** 35kV 计量用电压互感器的一次侧(**B**)。

(A) 可不装设熔断器;(B) 可以装设熔断器;(C) 35kV 以上的必须装设熔断器;(D) 熔断器装与不装均可。

**Lb4A1104** 单相插座的接法是(**A**)。

(A) 左零线右火线;(B) 右零线左火线;(C) 左地线右火线;(D) 左火线右地线。

**Lb4A1105** 10kV 配电线路经济供电半径为(**B**)。

(A) 1~5km;(B) 5~15km;(C) 15~30km;(D) 30~50km。

**Lb4A1106** 35kV 及以上电压供电的，电压正、负偏差绝对值之和不超过额定值的（C）。

（A）5%；（B）7%；（C）10%；（D）15%。

**Lb4A1107** 《供电营业规则》规定：100kVA 及以上高压供电的用户功率因数为（A）以上。

（A）0.90；（B）0.85；（C）0.80；（D）0.75。

**Lb4A2108** 《供电营业规则》规定：农业用电，功率因数为（C）以上。

（A）0.90；（B）0.85；（C）0.80；（D）0.75。

**Lb4A2109** 下列关于最大需量表说法正确的是（B）。

（A）最大需量表只用于大工业用户；（B）最大需量表用于两部制电价用户；（C）最大需量表按其结构分为区间式和滑差式；（D）最大需量表计算的单位为 kWh。

**Lb4A2110** 在下列关于计量电能表安装要点的叙述中错误的是（B）。

（A）装设场所应清洁、干燥、不受振动、无强磁场存在；（B）室内安装的 2.0 级静止式有功电能表规定的环境温度范围在 0～40℃之间；（C）电能表应在额定的电压和频率下使用；（D）电能表必须垂直安装。

**Lb4A2111** 低压用户进户装置包括（D）。

（A）进户线；（B）进户杆；（C）进户管；（D）进户线、进户杆、进户管。

**Lb4A2112** 对于高压供电用户，一般应在（A）计量。

（A）高压侧；（B）低压侧；（C）高、低压侧；（D）任意一侧。

**Lb4A2113** 低压用户若需要装设备用电源，可（**A**）。

（A）另设一个进户点；（B）共用一个进户点；（C）选择几个备用点；（D）另设一个进户点、共用一个进户点、选择几个备用点。

**Lb4A2114** 中性点不接地或非有效接地的三相三线高压线路，宜采用（**A**）计量。

（A）三相三线电能表；（B）三相四线电能表；（C）三相三线、三相四线电能表均可。（D）单相电能表。

**Lb4A3115** 用户用电的设备容量在 100kW 或变压器容量在 50kVA 及以下的，一般应以（**B**）方式供电。

（A）高压；（B）低压三相四线制；（C）专线；（D）均可。

**Lb4A3116** 某 10kV 工业用户，其电压允许偏差最大值及最小值分别为（**B**）。

（A）9000V、11000V；（B）9300V、10700V；（C）9300V、11000V；（D）9000V、10700V。

**Lb4A3117** 公用低压线路供电的，以（**A**）为责任分界点，支持物属供电企业。

（A）供电接户线用户端最后支持物；（B）进户线最后支持物；（C）电能表进线端；（D）电能表出线端。

**Lb4A3118** 用三只单相电能表测三相四线制电路有功电能时，其电能应等于三只表的（**B**）。

（A）几何和；（B）代数和；（C）分数值；（D）平均值。

**Lb4A3119** 用直流法测量减极性电压互感器，干电池正极接 **X** 端钮，负极接 **A** 端钮，检测表正极接 **a** 端钮，负极接 **x** 端钮，在合、分开关瞬间检测表指针向（**C**）方向摆动。

（A）正、负；（B）均向正；（C）负、正；（D）均向负。

**Lb4A3120** 某低压单相用户负荷为 **8kW**，则应选择的电能表型号和规格为（**B**）。

（A）DD 型 5（20）A；（B）DD 型 10（40）A；（C）DT 型 10（40）A；（D）DS 型 5（20）A。

**Lb4A4121** 某 **10kV** 用户接 **50/5** 电流互感器，若电能表读数为 **20kWh**，则用户实际用电量为（**B**）。

（A）200kWh；（B）20000kWh；（C）2000kWh；（D）100000kWh。

**Lb4A5122** 某用户接 **50/5** 电流互感器，**6000/100** 电压互感器，**DS** 型电能表电表常数为 **2000r/kWh**。若电能表转了 **10** 圈，则用户实际用电量为（**B**）。

（A）200kWh；（B）3kWh；（C）12000kWh；（D）600kWh。

**Lb3A1123** 低压用户接户线自电网电杆至用户第一个支持物最大允许档距为（**A**）。

（A）25m；（B）50m；（C）65m；（D）80m。

**Lb3A1124** 低压用户接户线的线间距离一般不应小于（**C**）。

（A）600mm；（B）400mm；（C）200mm；（D）150mm。

**Lb3A1125** 每一路接户线的线长不得超过（**C**）。

（A）100m；（B）80m；（C）60m；（D）40m。

**Lb3A1126** 接户线跨越通车困难的街道时，其对地最小距离为（C）。

（A）6m；（B）5m；（C）3.5m；（D）2.5m。

**Lb3A1127** 接户线跨越人行道时，其对地最小距离为（A）。

（A）3.5m；（B）5.5m；（C）7.5m；（D）9m。

**Lb3A1128** 接户线在通信、广播线上方交叉时，其最小距离为（A）。

（A）0.3m；（B）0.6m；（C）0.8m；（D）1m。

**Lb3A1129** 接户线跨越阳台、平台时，其最小距离为（D）。

（A）5.5m；（B）4.5m；（C）3.5m；（D）2.5m。

**Lb3A2130** 当单相电能表相线和零线互换接线时，用户采用一相一地的方法用电，电能表将（C）。

（A）正确计量；（B）多计电量；（C）不计电量；（D）烧毁。

**Lb3A2131** 某 10kV 用户有功负荷为 250kW，功率因数为 0.8，则应选择变比分别为（A）的电流互感器和电压互感器。

（A）30/5、10000/100；（B）50/5、10000/100；（C）75/5、10000/100；（D）100/5、10000/100。

**Lb3A2132** 用电负荷按供电可靠性要求分为（A）类。

（A）3；（B）4；（C）5；（D）2。

**Lb3A3133** 电力负荷控制装置一般都具有（D）功能。

（A）遥测；（B）遥信、遥测；（C）遥控、遥信；（D）遥控、遥信、遥测。

**Lb3A3134** 用电负荷按用电时间分为（**B**）。

（A）一类负荷、二类负荷、三类负荷；（B）单班制、两班制、三班制及间断性负荷；（C）工业用电负荷、农业用电负荷、交通运输用电负荷、照明及市政用电负荷；（D）冲击负荷、平均负荷、三相不平衡负荷。

**Lb3A3135** 反复短时工作电动机设备计算容量应换算至暂载率为（**A**）时的额定功率。

（A）25%；（B）50%；（C）75%；（D）100%。

**Lb3A3136** 对用户属于Ⅰ类和Ⅱ类计量装置的电流互感器，其准确度等级应分别不低于（**A**）。

（A）0.2S，0.2S；（B）0.2S，0.5S；（C）0.5S，0.5S；（D）0.2，0.2。

**Lb3A3137** 电焊机的设备容量是指换算至暂载率为（**D**）时的额定功率。

（A）25%；（B）50%；（C）5%；（D）100%。

**Lb3A5138** 一台三相电动机额定容量为 **10kW**，额定效率为 **85%**，功率因数为 **0.8**，额定电压 **380V**。求得其计算电流为（**B**）。

（A）19A；（B）23A；（C）16A；（D）26A。

**Lb3A5139** 一台单相 **380V** 电焊机额定容量为 **10kW**，功率因数为 **0.35**，额定电压 **380V**。求得其计算电流为（**D**）。

（A）26A；（B）44A；（C）56A；（D）75A。

**Lb3A5140** 某 **10kV** 用户线路电流为 **40A**，线路电阻 **2Ω**，则线路损耗为（**D**）。

（A）1.6kW；（B）3.2kW；（C）6.4kW；（D）9.6kW。

**Lb3A5141** 某10kV用户负荷为**200kW**，功率因数**0.9**，线路电阻**2Ω**，则线路损耗为（**C**）。

（A）0.8kW；（B）0.9kW；（C）1kW；（D）10kW。

**Lb3A5142** 某10kV线路长10km，已知导线电阻为**5Ω**，导线电抗为**0.35Ω/km**，有功功率为**400kW**，功率因数为**0.8**，则电压损失为（**B**）。

（A）200V；（B）305V；（C）2000V；（D）3050V。

**Lb2A1143** 低压三相用户，当用户最大负荷电流在（**D**）以上时应采用电流互感器。

（A）20A；（B）25A；（C）40A；（D）80A。

**Lb2A2144** 电流型漏电保护器的安装接线要（**C**）。

（A）相线穿入零序电流互感器，零线要用专用零线但不必穿入；（B）相线穿入零序电流互感器，零线可搭接其他回路；（C）零线需专用，并必须和回路相线一起穿入零序电流互感器；（D）零线穿入零序电流互感器，相线不允许穿入零序电流互感器。

**Lb2A2145** 在下列计量方式中，考核用户用电需要计入变压器损耗的是（**B**）。

（A）高供高计；（B）高供低计；（C）低供低计；（D）高供高计和低供低计。

**Lb2A2146** 在功率因数的补偿中，电容器组利用率最高的是（**C**）。

（A）就地个别补偿；（B）分组补偿；（C）集中补偿；（D）分

片补偿。

**Lb2A3147** 下列行业中，用电负荷波动比较大，容易造成电压波动，产生谐波和负序分量的是（**A**）。

（A）电炉炼钢业；（B）纺织业；（C）水泥生产业；（D）商业城。

**Lb2A3148** 对两路及以上线路供电（不同的电源点）的用户，装设计量装置的形式为（**C**）。

（A）两路合用一套计量装置，节约成本；（B）两路分别装设有功电能表，合用无功电能表；（C）两路分别装设电能计量装置；（D）两路合用电能计量装置，但分别装设无功电能表。

**Lb2A3149** 在功率因数的补偿中，补偿效果最好的是（**A**）。

（A）就地个别补偿；（B）分组补偿；（C）集中补偿；（D）不能确定。

**Lb2A3150** 多功能电能表除具有计量有功（无功）电能外，还具有（**B**）等两种以上功能，并能显示、储存和输出数据。

（A）分时、防窃电；（B）分时、测量需量；（C）分时、预付费；（D）测量需量、防窃电。

**Lb2A3151** 互感器二次侧负载不应大于其额定负载，但也不宜低于其额定负载的（**B**）。

（A）10%；（B）25%；（C）50%；（D）5%。

**Lb2A4152** 电流互感器的额定动稳定电流一般为额定热稳定电流的（**C**）倍。

（A）0.5倍；（B）1倍；（C）2.55倍；（D）5倍。

**Lb1A1153** 某 10kV 线路长 10km，已知导线电阻为 0.5Ω/km，导线电抗为 0.35Ω/km，有功功率为 200kW，功率因素为 0.8，则电压损失为（**B**）。

（A）100V；（B）152.5V；（C）1000V；（D）1525V。

**Lb1A2154** 变压器并列运行的基本条件是（**D**）。

（A）连接组标号相同；（B）电压变比相等；（C）短路阻抗相等；（D）（A）、（B）、（C）所列均正确。

**Lb1A2155** 由专用变压器供电的电动机，单台容量超过其变压器容量的（**C**）时，必须加装降压启动设备。

（A）10%；（B）20%；（C）30%；（D）15%。

**Lb1A2156** 变压器容量在（**B**）及以上的大工业用户实行两部制电价。

（A）2000kVA；（B）315kVA；（C）100kVA；（D）50kVA。

**Lb1A2157** 变压器容量在（**C**）及以上的用户实行功率因数调整电费。

（A）2000kVA；（B）315kVA；（C）100kVA；（D）50kVA。

**Lb1A3158** 大功率三相电机启动将不会导致（**D**）。

（A）电压问题；（B）电压正弦波畸变；（C）高次谐波；（D）电网三相电压不平衡。

**Lb1A3159** 电压互感器空载误差分量是由（**C**）引起的。

（A）励磁电流在一、二次绕组的阻抗上产生的压降；（B）励磁电流在励磁阻抗上产生的压降；（C）励磁电流在一次绕组的阻抗上产生的压降；（D）励磁电流在一、二次绕组上产生的压降。

**Lb1A3160** 一般的电流互感器，其误差的绝对值，随着二次负荷阻抗值的增大而（**C**）。

（A）不变；（B）减小；（C）增大；（D）为零。

**Lb1A5161** 电压互感器二次导线压降引起的角差，与（**D**）成正比。

（A）负荷功率因数；（B）负荷导纳；（C）负荷电纳；（D）负荷电纳和负荷功率因数。

**Lc5A1162** 在高压电能传输中，一般用（**A**）。

（A）钢芯铝绞线；（B）钢缆；（C）铜芯线；（D）铝芯线。

**Lc5A2163** 变压器中传递交链磁通的组件是（**C**）。

（A）一次绕组；（B）二次绕组；（C）铁芯；（D）金属外壳。

**Lc5A2164** 电力系统的主网络是（**B**）。

（A）配电网；（B）输电网；（C）发电厂；（D）微波网。

**Lc5A2165** 质量保证的作用是（**A**）。

（A）为使人们确信质量能满足规定要求；（B）对用户实行"三包"；（C）保证稳定优质生产；（D）使人们确信产品质量很高。

**Lc5A2166** 质量教育工作的主要任务是（**C**）。

（A）普及全面质量管理知识；（B）达到上级规定的教育面指标；（C）提高质量意识，掌握运用质量管理方法和技术；（D）宣传质量管理知识，培养质量管理人才。

**Lc5A3167** 用电负荷按国民经济行业分为四类，其中不对的是（**D**）。

（A）工业用电；（B）农业用电；（C）交通运输用电；（D）商业用电。

**Lc5A4168** 电力系统中性点不接地或经消弧线圈接地的系统通常称之为（**C**）系统。

（A）不接地；（B）大电流接地；（C）小电流接地；（D）保护接地。

**Lc5A4169** 下列设备中能自动切断短路电流的是（**A**）。

（A）自动空气断路器；（B）接触器；（C）漏电保护器；（D）刀闸。

**Lc5A5170** 运行中变压器的两部分损耗是（**C**）。

（A）铜损耗和线损耗；（B）铁损耗和线损耗；（C）铜损耗和铁损耗；（D）线损耗和网损耗。

**Lc5A5171** 变压器是（**B**）电能的设备。

（A）生产；（B）传递；（C）使用；（D）既生产又传递。

**Lc4A1172** 室内电能表宜安装在（**C**）的高度（表水平中心线距地面尺寸）。

（A）0.5~1.8m；（B）0.7~2.0m；（C）0.8~1.8m；（D）1.0~2.2m。

**Lc4A1173** 电能表应安装在电能计量柜（屏）上，二只三相电能表相距最小距离应大于（**B**）。

（A）100mm；（B）80mm；（C）40mm；（D）30mm。

**Lc3A3174** 推动 PDCA 循环，关键在于（**D**）阶段。

（A）计划；（B）执行；（C）检查；（D）总结。

**Lc3A3175** 企业标准包括技术标准和（**C**）两个方面的内容。

（A）产品标准；（B）工艺标准；（C）管理标准；（D）服务标准。

**Lc3A3176** 全面质量管理所管理的范围是（**C**）。

（A）企业的各项管理工作；（B）企业生产全过程；（C）产品或服务质量产生、形成和实现的全过程；（D）企业生产及产品服务的监督工作。

**Lc3A3177** 由工人为主组成的，以稳定提高产品质量、降低消耗为目的的 QC 小组，是（**A**）QC 型小组。

（A）现场；（B）攻关；（C）管理；（D）研发。

**Lc2A5178** 在采用无线电控制的负荷集中控制系统中，国家规定一般控制端发射功率应不超过（**B**）。

（A）20W；（B）25W；（C）50W；（D）75W。

**Lc2A5179** 运行中Ⅱ类电能表至少每（**B**）个月现场检验一次。

（A）3；（B）6；（C）12；（D）18。

**Jd5A1180** 在二次回路接线中，把线头弯成圈，应该用（**B**）。

（A）钢丝钳；（B）尖嘴钳；（C）斜口钳；（D）剥线钳。

**Jd5A2181** 在电钻的使用中，下列操作错误的是（**C**）。

（A）在金属件上钻孔应先用钢冲打样眼；（B）操作时应一

手托电钻一手握开关把柄；（C）要注意不断用手清洁钻屑，以免卡住钻头；（D）钻时要保持一定的压力。

**Jd5A2182** 导线的绝缘强度是用（C）来测量的。

（A）绝缘电阻试验；（B）交流耐压试验；（C）直流耐压试验；（D）耐热能力试验。

**Jd5A2183** 低压测电笔使用不正确的是（A）。

（A）用手接触前端金属；（B）用手接触后端金属；（C）只能测 500V 及以下电压；（D）测量时应先在带电体上试测一下，以确认其好坏。

**Jd5A3184** 检定规程中，"S"级电流互感器，在（D）$I_b$ 范围内有误差要求。

（A）10%～120%；（B）5%～120%；（C）2%～120%；（D）1%～120%。

**Je5A4185** 运行中电能表及其测量用互感器，二次接线正确性检查应在（A）处进行，当现场测定电能表的相对误差超过规定值时，一般应更换电能表。

（A）电能表接线端；（B）测量用互感器接线端；（C）联合接线盒；（D）上述均可。

**Jd5A4186** 当电流互感器一、二次绕组的电流 $I_1$、$I_2$ 的方向相反时，这种极性关系称为（A）。

（A）减极性；（B）加极性；（C）正极性；（D）同极性。

**Jd4A1187** 下列说法中，正确的是（D）。

（A）电能表采用直接接入方式时，需要增加连接导线的数量；（B）电能表采用直接接入方式时，电流、电压互感器二次应接地；（C）电能表采用经电压、电流互感器接入方式时，电能表电流与电压连片应连接可靠；（D）电能表采用经电压、电流互感器接入方式时，电流、电压互感器二次侧必须分别接地。

**Jd4A2188** 电源（C）加于旋转式相序指示器相应端钮时，指示器旋转方向与所标箭头方向一致。

（A）VUW；（B）WVU；（C）WUV；（D）UWV。

**Jd4A3189** 在用钳形表测量三相三线电能表的电流时，假定三相平衡，若将两根相线同时放入钳形表中测量的读数为**20A**，则实际线电流为（**B**）。

（A）34.64A；（B）20A；（C）11.55A；（D）10A。

**Jd4A3190** 利用万用表测量直流电流时，分流电阻为**100Ω**和**10Ω**两电阻并联，若测量**100Ω**电阻的电流为**2A**，则实际电流为（**D**）。

（A）2A；（B）20A；（C）0.2A；（D）22A。

**Jd4A3191** 利用万用表测量交流电压时，接入的电压互感器比率为**100/1**，若电压读数为**20V**，则实际电压为（**B**）。

（A）20V；（B）2000V；（C）0.02V；（D）2020V。

**Jd4A3192** 利用万用表测量交流电流时，接入的电流互感器比率为**10/1**，若电流读数为**2A**，则实际电流为（**B**）。

（A）2A；（B）20A；（C）0.2A；（D）22A。

**Jd4A3193** 指针式万用表在不用时，应将档位打在（**D**）档上。

（A）直流电流；（B）交流电流；（C）电阻；（D）最大交流电压。

**Jd4A3194** 利用兆欧表测量绝缘电阻时，应将 G 端子（**C**）。

（A）接地；（B）接测试点；（C）接泄漏电流经过的表面；（D）任意接一端。

**Jd4A3195** 用兆欧表进行测量时，应使摇动转速尽量接近（**C**）。

（A）60r/min；（B）90r/min；（C）120r/min；（D）150r/min。

**Jd3A1196** 在活络扳手的使用中说法错误的是（**C**）。

（A）选择大扳手扳大螺母；（B）扳动大螺母时应握在扳手柄尾部；（C）活络扳手可以反过来使用；（D）不可以当撬棒。

**Jd3A1197** 某低压三相四线用户负荷为 **25kW**，则应选择的电能表型号和规格为（**C**）。

（A）DT 型系列/5（20）A；（B）DS 型系列/10（40）A；（C）DT 型系列/10（40）A；（D）DS 型系列/5（20）A。

**Jd3A3198** 使用钳形表测量导线电流时，应使被测导线（**C**）。

（A）尽量离钳口近些；（B）尽量离钳口远些；（C）尽量居中；（D）无所谓。

**Jd3A3199** 使用兆欧表时注意事项错误的是（**C**）。

（A）兆欧表用线应用绝缘良好的单根线；（B）禁止在有感应电可能产生的环境中测量；（C）在测量电容器等大电容设备时，读数后应先停止摇动，再拆线；（D）使用前应先检查兆欧表的状态。

**Jd2A2200** 检查兆欧表时，我们可以根据以下方法来判断兆欧表的好坏（**D**）。

（A）L 和 E 开路时，按规定转速摇动手柄指针应指向∞处；（B）L 和 E 短路时，轻摇手柄指针应指向 0 处；（C）未摇动手柄时指针指向不确定；（D）上述全部。

**Je5A1201** 导线绑扎在瓷绝缘子上时，应使用（**D**）。

（A）铜裸线；（B）绝缘线；（C）纱包铁线；（D）铝裸线。

**Je5A1202** 移动式配电箱、开关箱应装设在坚固的支架上，其中心点与地面的垂直距离宜为（**D**）。

（A）0.8m；（B）1.0m；（C）1.6m；（D）0.8~1.6m。

**Je5A1203** 直接接入式电能表与经互感器接入式电能表的根本区别在于（**C**）。

（A）内部结构；（B）计量原理；（C）接线端钮盒；（D）内部接线。

**Je5A1204** 使用电流互感器和电压互感器时，其二次绕组应分别（**A**）接入被测电路之中。

（A）串联、并联；（B）并联、串联；（C）串联、串联；（D）并联、并联。

**Je5A1205** 按 DL/T 448—2000 规定，负荷电流为（**B**）以上时，宜采用经电流互感器接入式的接线方式。

（A）40A；（B）50A；（C）60A；（D）80A。

**Je5A1206** 同一组的电流（电压）互感器应采用（**D**）均相同的互感器。

（A）制造厂、型号；（B）额定电流（电压）变比，二次容量；（C）准确度等级；（D）上述全部。

**Je5A1207** 三相有功电能表的电压接入，要求（**A**）。

（A）正序接入；（B）负序接入；（C）零序接入；（D）顺时接入。

**Je5A2208** 用户连续（**A**）个月不用电，也不申请办理暂停用电手续者，供电企业须以销户终止其用电。用户需要再用电时，按新装用电办理。

（A）6；（B）5；（C）3；（D）1。

**Je5A2209** 分配电箱与开关箱的距离不得超过（**D**）。

（A）15m；（B）20m；（C）25m；（D）30m。

**Je5A2210** 室内非埋地明敷主干线距地面高度不得小于（**C**）。

（A）1.8m；（B）2m；（C）2.5m；（D）3m。

**Je5A2211** 用指针式万用表测量未知电阻时（**C**）。

（A）可以带电切换量程；（B）可以带电测量电阻；（C）应先放在欧姆档的大量程上；（D）应先放在欧姆档的小量程上。

**Je5A2212** 用万用表测量回路通断时（**D**）。

（A）用电压档；（B）用电流档；（C）用电阻档大量程；（D）用电阻档小量程。

**Je5A2213** 一般对新装或改装、重接二次回路后的电能计量装置都必须先进行（**B**）。

（A）带电接线检查；（B）停电接线检查；（C）现场试运行；（D）基本误差测试试验。

**Je5A3214** 电力变压器的中性点接地属于（**C**）。

（A）保护接地类型；（B）防雷接地类型；（C）工作接地类型；（D）工作接零类型。

**Je5A3215** 电器设备的金属外壳接地属于（**A**）。

（A）保护接地类型；（B）防雷接地类型；（C）工作接地类型；（D）工作接零类型。

**Je5A3216** 某一型号单相电能表，铭牌上标明 C=1800r/kWh，该表转盘转一圈所计量的电能应为（**B**）。

（A）1.7Wh（B）0.56Wh；（C）3.3Wh；（D）1.2Wh。

**Je5A3217** 在低压三相四线制回路中，要求零线上不能（**D**）。

（A）装设电流互感器；（B）装设电表；（C）安装漏电保护器；（D）安装熔断器。

**Je5A3218** 电网运行中的变压器高压侧额定电压不可能为（**B**）。

（A）110kV；（B）123kV；（C）10kV；（D）35kV。

**Je5A3219** 埋设在地下的接地体应焊接连接，埋设深度应大于（**B**）。

（A）0.4m；（B）0.6m；（C）0.8m；（D）1.0m。

**Je5A3220** 用兆欧表测量绝缘电阻时，为了去除表面泄露的影响，应将产生泄漏的绝缘体表面（**B**）。

（A）直接接地；（B）接到兆欧表的 G 端子；（C）接到兆欧表的 L 端子；（D）接到兆欧表的 E 端子。

**Je5A3221** 照明线路穿管敷设时，导线（包括绝缘层）截面积的总和不应超过管子内截面的（**C**）。

（A）80%；（B）60%；（C）40%；（D）20%。

**Je4A1222** 配电电器设备安装图中被称作主接线图的是（**A**）。

（A）一次接线图；（B）二次接线图；（C）平剖面布置图；（D）设备安装图。

**Je4A1223** 电能表应安装在电能计量柜（屏）上，二只单相电能表相距的最小距离为（**D**）。

（A）100mm；（B）80mm；（C）40mm；（D）30mm。

**Je4A1224** 实行功率因数考核的用户应装设（**C**）电能表。

（A）最大需量；（B）分时；（C）无功；（D）预付费。

**Je4A1225** 上下布置的母线由上而下排列应以（**C**）相排列。

（A）W、V、U；（B）V、W、U；（C）U、V、W；（D）W、U、V。

**Je4A2226** 同一建筑物内部相互连通的房屋、多层住宅的每个单元、同一围墙内一个单位的电力和照明用电，只允许设置（**A**）进户点。

（A）1个；（B）2个；（C）5个；（D）10个。

**Je4A2227** 配电室的耐火等级不应低于（**C**）。

（A）一级；（B）二级；（C）三级；（D）四级。

**Je4A2228** 一台公用配电变压器供电的配电装置接地必须采用（**B**）。

（A）保护接零；（B）保护接地；（C）工作接地；（D）重复接地。

**Je4A2229** 《供电营业规则》规定，用户用电设备容量在（B）kW 以下者，一般采用低压供电。

（A）50；（B）100；（C）200；（D）250。

**Je4A2230** （C）及以下贸易结算用电能计量装置中电压互感器二次回路，应不装设隔离开关辅助接点和熔断器。

（A）110kV；（B）220kV；（C）35kV；（D）10kV。

**Je4A2231** 设在墙上的计量箱，其装设高度通常以表箱下沿离地（D）左右为宜。

（A）0.5m；（B）0.6m；（C）1m；（D）1.8m。

**Je4A2232** 在低压配线中，频繁操作的控制开关要选用（B）。

（A）低压自动空气开关；（B）接触器；（C）刀闸；（D）带灭弧罩的刀闸。

**Je4A2233** 运行中的电压互感器二次回路电压降应定期进行检验。对 35kV 及以上电压互感器二次回路电压降至少每（B）年检验一次。

（A）1；（B）2；（C）3；（D）5。

**Je4A2234** 客户应在提高用电自然功率因数的基础上，按有关标准设计和安装（B），并做到随其负荷和电压变动及时自动投入或切除，防止无功电力倒送上网。

（A）无功电能表；（B）无功补偿设备；（C）负荷调整电压装置；（D）四象限无功电能表。

**Je4A3235** 电压互感器额定二次功率因数应为（D）。

（A）0.8；（B）0.8～1.0；（C）1.0；（D）与实际二次负荷的功率因数接近。

**Je4A3236** 防雷保护装置的接地属于（A）。

（A）保护接地类型；（B）防雷接地类型；（C）工作接地类型；（D）工作接零类型。

**Je4A3237** 在检测三相两元件表的接线时，经常采用力矩法（跨相去中相电压法）。其中将 U、W 相电压对调，电能表应该（C）。

（A）正常运转；（B）倒走；（C）停走；（D）慢走一半。

**Je4A3238** 三相三元件有功电能表在测量平衡负载的三相四线电能时，若有 U、W 两相电流进出线接反，则电能表将（C）。

（A）停转；（B）慢走 2/3；（C）倒走 1/3；（D）正常。

**Je4A3239** 三相四线三元件有功电能表在测量平衡负载的三相四线电能时，若有两相电压断线，则电能表将（B）。

（A）停转；（B）少计 2/3；（C）倒走 1/3；（D）正常。

**Je4A3240** 用直流法测量减极性电流互感器，正极接 $P_1$ 端钮，负极接 $P_2$ 端钮，检测表正极接 $S_1$ 端钮，负极接 $S_2$ 端钮，在合、分开关瞬间检测表指针向（A）方向摆动。

（A）正、负；（B）均向正；（C）负、正；（D）均向负。

**Je4A3241** 在三相三线电能计量装置的相量图中，相电压相量与就近的线电压相量相位相差（B）。

（A）0°；（B）30°；（C）60°；（D）90°。

**Je4A3242** 在穿心互感器的接线中，一次相线如果在互感器上绕四匝，则互感器的实际变比将是额定变比的（**C**）。

（A）4倍；（B）5倍；（C）1/4倍；（D）1/5倍。

**Je4A3243** 电流互感器额定二次负荷的功率因数应为（**B**）。

（A）0.8；（B）0.8~1.0；（C）0.9；（D）1.0。

**Je4A3244** Ⅱ类计量装置适用于月平均用电量或变压器容量不小于（**A**）。

（A）100万kWh、2000kVA；（B）10万kWh、315kVA；（C）100万kWh、315kVA；（D）10万kWh、2000kVA。

**Je4A3245** 某用户月平均用电为**20万kWh**，其计量装置属于（**C**）。

（A）Ⅰ类；（B）Ⅱ类；（C）Ⅲ类；（D）Ⅳ类。

**Je4A3246** **35kV**电气设备带电部分至接地部分、不同相的带电部分之间的室内安全距离不小于（**C**）。

（A）125mm；（B）250mm；（C）300mm；（D）400mm。

**Je4A3247** Ⅰ、Ⅱ类用于贸易结算的电能计量装置中电压互感器二次回路电压降应不大于其额定二次电压的（**A**）。

（A）0.2%；（B）0.25%；（C）0.5%；（D）1%。

**Je4A5248** 两只单相电压互感器**V/v**接法，测得$U_{uv}=U_{vw}=$**50V**，$U_{uw}$=**100V**，则可能是（**B**）。

（A）一次侧U相熔丝烧断；（B）一次侧V相熔丝烧断；（C）二次侧熔丝烧断；（D）一只互感器极性接反。

**Je4A5249** 三只单相电压互感器 Yy0 接法,测得 $U_{uv}=U_{uw}=$ 100V, $U_{vw}=57.7V$,则可能是(**A**)。

(A)二次侧 U 相极性接反;(B)二次侧 V 极性相接反;(C)二次侧 W 相极性接反;(D)二次侧熔丝烧断。

**Je4A5250** 两只单相电压互感器 V/v 接法,测得 $U_{uv}=U_{uw}=$ 100V, $U_{vw}=0V$,则可能是(**C**)。

(A)一次侧 U 相熔丝烧断;(B)一次侧 V 相熔丝烧断;(C)一次侧 W 相熔丝烧断;(D)一只互感器极性接反。

**Je4A5251** 两只单相电压互感器 V/v 接法,测得 $U_{uv}=U_{uw}=$ 0V, $U_{vw}=0V$,则可能是(**C**)。

(A)一次侧 U 相熔丝烧断;(B)一次侧 V 相熔丝烧断;(C)二次侧熔丝全烧断;(D)一只互感器极性接反。

**Je4A5252** 利用直流法测量电压互感器极性,如图 A-2 所示,若在 UV、VW、UW 端合上开关瞬间,三只对应电压表分别向负方向摆动,则该互感器是(**B**)。

(A)Yy0 接法;(B)Yy6 接法;(C)Yy9 接法;(D)Yy12 接法。

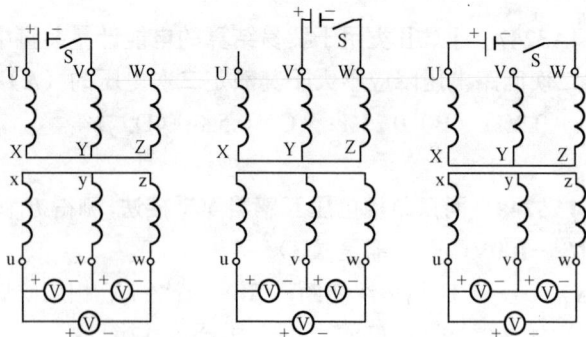

图 A-2

**Je4A5253** 利用直流法测量电压互感器极性,如图 A-3 所示,若在合上开关瞬间,三只电压表均向正方向摆动,则该互感器是(A)。

(A)Yy0 接法;(B)Yy6 接法;(C)Yy9 接法;(D)Yy12 接法。

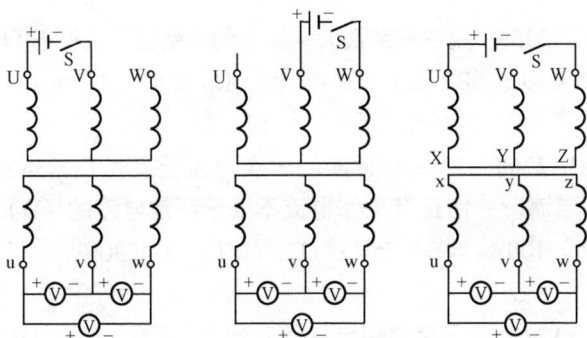

图 A-3

**Je4A5254** 三相额定容量不超过 100kVA 的变压器,应急时可短时间超载运行,但负载率以不超过满载的(B)为宜。

(A)20%;(B)30%;(C)50%;(D)10%。

**Je4A5255** 下列不影响电能计量装置准确性的是(D)。

(A)一次电压;(B)互感器实际二次负荷;(C)互感器额定二次负荷的功率因数;(D)电能表常数。

**Je3A1256** 电压互感器二次回路应只有一处可靠接地,V/v 接线电压互感器应在(B)接地。

(A)U 相;(B)V 相;(C)W 相;(D)任意相。

**Je3A1257** 电压互感器二次回路应只有一处可靠接地,星型接线电压互感器应在(D)接地。

（A）U 相；（B）V 相；（C）W 相；（D）中心点处。

**Je3A2258**　采用分相接线的高压电流互感器二次侧（**B**）接地。

（A）$S_1$；（B）$S_2$；（C）任一点；（D）不要。

**Je3A2259**　用户安装最大需量表的准确度不应低于（**C**）级。

（A）3.0；（B）2.0；（C）1.0；（D）0.5。

**Je3A2260**　电流互感器的一次电流要满足正常运行的最大负荷电流，并使正常工作电流不低于额定电流的（**D**）。

（A）100%；（B）75%；（C）60%；（D）30%。

**Je3A2261**　三台单相电压互感器 Y 接线，接于 110kV 电网上，则选用的额定一次电压和基本二次绕组的额定电压为（**A**）。

（A）一次侧为 $110/\sqrt{3}$ kV，二次侧为 $100/\sqrt{3}$ V；（B）一次侧为 110kV，二次侧为 100V；（C）一次侧为 $100/\sqrt{3}$ kV，二次侧为 100/3V；（D）一次侧为 110kV，二次侧为 $100/\sqrt{3}$ V。

**Je3A2262**　下列配电屏中不是抽出式交流低压配电柜的是（**D**）。

（A）GCS 型；（B）GMH 型；（C）NGS 型；（D）GGD 型。

**Je3A2263**　（**B**）贸易结算用电能计量装置中电压互感器二次回路，应不装设隔离开关辅助接点，但可装设熔断器。

（A）35kV 及以下；（B）35kV 以上；（C）110kV 以上；（D）220kV 以上。

**Je3A3264**　以下电能表安装场所及要求不对的是（**A**）。

（A）电能表安装在开关柜上时，高度为 0.4～0.7m；（B）电度表安装垂直，倾斜度不超过 1°；（C）不允许安装在有磁场影响及多灰尘的场所；（D）装表地点与加热孔距离不得少于 0.5m。

**Je3A3265** 带电换表时，若接有电压互感器和电流互感器，则应分别（**A**）。

（A）开路、短路；（B）短路、开路；（C）均开路；（D）均短路。

**Je3A3266** 10kV 电压互感器高压侧熔丝额定电流应选用（**B**）。

（A）2A；（B）0.5A；（C）1A；（D）5A。

**Je3A3267** 二次侧电压为 100V 的单相电压互感器额定容量为 25VA，则额定阻抗为（**A**）。

（A）400Ω；（B）250Ω；（C）2500Ω；（D）4000Ω。

**Je3A3268** 三相电压互感器 Y/Y–6 接法一、二次相角差为（**D**）。

（A）0°；（B）60°；（C）120°；（D）180°。

**Je3A3269** 带互感器的单相机电式电能表，如果电流进出线接反，则（**B**）。

（A）停转；（B）反转；（C）正常；（D）烧表。

**Je3A3270** 低压三相四线制线路中，在三相负荷对称情况下，U、W 相电压接线互换，则电能表（**A**）。

（A）停转；（B）反转；（C）正常；（D）烧表。

**Je3A4271** 三相三线 60°内相角无功电能表中断开 W 相电压，电能表将会（C）。

（A）正常；（B）停转；（C）慢走一半；（D）快走一半。

**Je3A4272** 二次侧电流为 5A 的单相电流互感器额定容量为 25VA，则额定阻抗为（B）。

（A）5Ω；（B）1Ω；（C）25Ω；（D）10Ω。

**Je3A5273** 两只单相电压互感器 V/v 接法，测得 $U_{uv}=U_{uw}=100V$，$U_{vw}=173V$，则可能是（D）。

（A）一次侧 U 相熔丝烧断；（B）一次侧 V 相熔丝烧断；（C）二次侧熔丝烧断；（D）一只互感器极性接反。

**Je2A1274** 运行中的 V 类电能表，从装出第（B）年起，每年应进行分批抽样，做修调前检验，以确定整批表是否继续运行。

（A）10；（B）6；（C）5；（D）3。

**Je2A1275** 按照 DL/T 448—2000 规程规定，运行中的 I 类电能表，其轮换周期为（C）。

（A）2 年；（B）3 年；（C）3~4 年；（D）5 年。

**Je2A1276** 沿墙敷设的接户线（档距不大于 6m）线间距离不应小于（C）。

（A）100mm；（B）150mm；（C）200mm；（D）250mm。

**Je2A1277** 某电能表，其电表常数为 2000r/kWh，测得 10 转的时间为 12s，则功率为（C）。

（A）6kW；（B）3kW；（C）1.5kW；（D）12kW。

**Je2A2278** 将原理图按不同回路分开画出并列表的二次接线图是（**B**）。

（A）原理图；（B）展开图；（C）平面布置图；（D）安装接线图。

**Je2A3279** 在三相负载平衡的情况下，某三相三线有功电能表 W 相电流未加，此时负荷功率因数为 **0.5**，则电能表（**D**）。

（A）走慢；（B）走快；（C）正常；（D）停转。

**Je2A3280** **8.7/10kV** 橡塑绝缘电力电缆的直流耐压试验电压是（**C**）。

（A）10kV；（B）25kV；（C）37kV；（D）47kV。

**Je2A3281** **0.6/1kV** 聚氯乙烯绝缘聚氯乙烯护套电力电缆（**VV22**）**20℃** 时线芯绝缘电阻常数应不低于（**B**）。

（A）36.7MΩ；（B）36.7MΩ·km；（C）10MΩ；（D）10MΩ。

**Je2A3282** 在二次负荷的计算中，三台单相互感器星形接法的总额定负荷为单台额定负荷的（**A**）倍。

（A）3；（B）1.73；（C）0.577；（D）1/3。

**Je2A3283** Ⅲ类计量装置应装设的有功表和无功表的准确度等级分别为（**C**）级。

（A）0.5、1.0；（B）1.0、3.0；（C）1.0、2.0；（D）2.0、3.0。

**Je2A3284** 电流互感器额定一次电流的确定，应保证其在正常运行中负荷电流达到额定值的 **60%** 左右，当实际负荷小于 **30%** 时，应采用电流互感器为（**B**）。

（A）高准确度等级电流互感器；（B）S 级电流互感器；（C）采用小变比电流互感器；（D）采用大变比电流互感器。

**Je2A3285** 某计量装置由于互感器离表计距离较远，二次负载超标导致计量不准确。下列措施中不正确的做法是（**C**）。

（A）换用额定二次负载较大的互感器；（B）换用线径较粗的铜导线；（C）换用准确度等级较高的互感器；（D）以上（A）、（B）方法均正确。

**Je2A3286** 在检查电能表接线时常采用力矩法（跨相去中相电压法），其中对三相二元件电能表断开 V 相电压会使电能表（**B**）。

（A）快一半；（B）慢一半；（C）基本正常；（D）几乎停止。

**Je2A4287** 在检查某三相三线高压用户时发现其安装的三相二元件电能表 V 相电压断路，则在其断相期间实际用电量是表计电量的（**D**）倍。

（A）1/3；（B）1.73；（C）0.577；（D）2。

**Je2A5288** 在三相负载平衡的情况下，三相三线有功电能表 U 相电压未加，此时负荷功率因数为 **0.5**，则电能表（**C**）。

（A）走慢；（B）走快；（C）计量正确；（D）停转。

**Je1A1289** 为减小计量装置的综合误差，对接到电能表同一元件的电流互感器和电压互感器的比差、角差要合理地组合配对，原则上，要求接于同一元件的电压、电流互感器（**A**）。

（A）比差符号相反，数值接近或相等，角差符号相同，数值接近或相等；（B）比差符号相反，数值接近或相等，角差符号相反，数值接近或相等；（C）比差符号相同，数值接近或相等，角差符号相反，数值接近或相等；（D）比差符号相同，数值接近或相等，角差符号相同，数值接近或相等。

**Le1A3290** 运行中的（B）kV 及以上的电压互感器二次回路，其电压降至少每 **2** 年测试一次。

（A）10；（B）35；（C）110；（D）220。

**Je1A3291** 电压互感器正常运行范围内其误差通常随一次电压的增大（B）。

（A）先增大，后减小；（B）先减小，后增大；（C）一直增大；（D）一直减小。

**Je1A3292** 某三相三线有功电能表 W 相电流线圈接反，此时负荷功率因数为 **1.0**，则电能表（D）。

（A）走慢；（B）走快；（C）倒走；（D）停转。

**Je1A3293** 在现场检验电能表时，当负载电流低于被检电能表标定电流的 **10%**，或功率因数低于（A）时，不宜进行误差测定。

（A）0.5；（B）0.8；（C）0.85；（D）0.9。

**Je1A4294** 在检查某三相三线高压用户时发现其安装的三相二元件有功电能表 U、W 相电流线圈均接反，用户的功率因数为 **0.85**，则在其错误接线期间实际用电量是表计电量的（D）倍。

（A）1；（B）1.73；（C）0.577；（D）-1。

**Je1A4295** 在检查某三相三线高压用户时发现其安装的三相二元件有功电能表 U 相电流线圈接入 W 相电流，而 W 相电流线圈反接入 U 相电流，用户的功率因数为 **0.866**，则在其错误接线期间实际用电量是表计电量的（**C**）倍。

（A）0.866；（B）1；（C）1.5；（D）1.73。

**Jf5A1296** 正常情况下，我国的安全电压定为（**D**）。

（A）220V；（B）380V；（C）50V；（D）36V。

**Jf5A1297** 室外高压设备发生接地故障，人员不得接近故障点（**C**）以内。

（A）10m；（B）1m；（C）8m；（D）5m。

**Jf5A2298** 当发现有人员触电时，应做到（**D**）。

（A）首先使触电者脱离电源；（B）当触电者清醒时，应使其就地平躺，严密观察；（C）高处触电时应有预防摔伤的措施；（D）以上（A）、（B）、（C）说法均正确。

**Jf5A2299** 进行口对口人工呼吸时，对有脉搏无呼吸的伤员，应每（**C**）s吹一口气为宜。

（A）2；（B）3；（C）5；（D）10。

**Jf5A2300** 有效胸外按压的频率为（**C**）次/min，按压深度4～5cm，允许按压后胸骨完全回缩，按压和放松时间一致。

（A）60；（B）80；（C）100；（D）120。

**Jf5A3301** 对直接接入式电能表进行调换工作前，必须使用电压等级合适而且合格的验电器进行验电，验电时应对电能表（**C**）验电。

（A）进线的各相；（B）接地线；（C）进出线的各相；（D）出线的各相。

**Jf5A5302** 电流通过人体，对人体的危害最大的是（**A**）。

（A）左手到脚；（B）右手到脚；（C）脚到脚；（D）手到手。

**Jf4A2303**　供电企业供电的额定电压：高压供电为（**D**）。
（A）380V；（B）1000V；（C）10kV；（D）10、35（63）、110、220kV。

**Jf4A3304**　在全部停电和部分停电的电气设备上工作，必须装设接地线，接地线应用多股软裸铜线，其截面应符合短路电流的要求，但不得小于（**B**）。
（A）20mm$^2$；（B）25mm$^2$；（C）30mm$^2$；（D）35mm$^2$。

**Jf3A1305**　工作人员工作中正常活动范围与 35kV 带电设备的安全距离为（**B**）。
（A）0.35m；（B）0.6m；（C）0.7m；（D）1.0m。

**Jf3A1306**　当没有遮拦物体时人体与 35kV 带电体的最小安全距离是（**C**）。
（A）0.6m；（B）0.8m；（C）1.0m；（D）1.5m。

**Jf3A3307**　检定电能表时，其实际误差应控制在规程规定基本误差限的（**D**）以内。
（A）30%；（B）50%；（C）60%；（D）70%。

**Jf3A3308**　为了防止断线，电流互感器二次回路中不允许有（**D**）。
（A）接头；（B）隔离开关辅助触点；（C）开关；（D）接头、隔离开关辅助触点、开关。

**Jf3A3309**　电力系统的供电负荷，是指（**C**）。
（A）综合用电负荷加各发电厂的厂用电；（B）各工业部门

消耗的功率与农业交通运输和市政生活消耗的功率和；（C）综合用电负荷加网络中损耗的功率之和；（D）综合用电负荷加网络中损耗和厂用电之和。

**Jf3A4310** 当运行中电气设备发生火灾时，不能用（D）进行灭火。

（A）黄砂；（B）二氧化碳灭火器；（D）干粉灭火器；（D）泡沫灭火器。

**Jf2A1311** 电气作业的安全技术措施主要有（D）。

（A）作业相关设备的停电和验电；（B）作业相关设备的安全接地；（C）悬挂标示牌和装设遮栏；（D）作业相关设备的停电和验电、作业相关设备的安全接地、悬挂标示牌和装设遮栏。

**Jf2A2312** 标准化的常用形式包括：简化、统一化、（D）。

（A）通用化；（B）系列化；（C）组合化；（D）通用化、系列化和组合化。

**Jf1A3313** 头脑风暴法的三个阶段：准备阶段；（D）；整理阶段。

（A）提出问题阶段；（B）调查实情阶段；（C）制定对策阶段；（D）引发和产生创造思维阶段。

# 4.1.2　判断题

判断下列描述是否正确，对的在括号内打"√"，错的在括号内打"×"。

**La5B1001**　电路一般由电源、负载和连接导线组成。（√）

**La5B1002**　电动势的方向规定为在电源的内部，由正极指向负极。（×）

**La5B1003**　通常规定把负电荷定向移动的方向作为电流的方向。（×）

**La5B1004**　在外电路中电流的方向总是从电源的正极流向负极。（√）

**La5B1005**　根据我国具体条件和环境，安全电压等级是42、36、24、12、6V 五个额定值等级。（√）

**La5B1006**　正常情况下可把交流 50～60Hz、10mA 电流规定为人体的安全电流值。（√）

**La5B2007**　一段导线的电阻为 $R$，如果将它从中间对折后，并为一段新导线，则新电阻值为 $R/2$。（×）

**La5B2008**　地球本身是一个大磁体。（√）

**La5B2009**　在导体中电子运动的方向是电流的实际方向。（×）

**La5B2010**　电流的符号为 A，电流的单位为 $I$。（×）

**La5B2011**　电压的符号为 $U$，电压的单位为 V。（√）

**La5B2012**　功率的符号为 $P$，功率的单位为 W。（√）

**La5B3013**　感应电流的磁场总是阻碍原磁场的变化。（√）

**La5B3014**　金属导体的电阻 $R=U/I$，因此可以说导体的电阻与它两端的电压成正比。（×）

**La5B4015**　感应电动势的大小与线圈电感量和电流变化率成正比。（√）

**La4B1016**　三相电能计量的接线方式中，U、V、W 接线

为正相序，那么 W、V、U 就为逆相序。（√）

**La4B1017**　现场校验工作可以由 1 人担任，并严格遵守电业安全工作规程的有关规定。（×）

**La4B2018**　电路中任一节点的电流代数和等于零。（√）

**La4B2019**　用万用表测量某一电路的电阻时，必须切断被测电路的电源，不能带电进行测量。（√）

**La4B2020**　对高压供电用户，应在高压侧计量，经双方协商同意，可在低压侧计量，但应加计变压器损耗。（√）

**La4B3021**　电流互感器铭牌上所标额定电压是指一次绕组的额定电压。（×）

**La4B3022**　装表接电工的任务：根据用电负荷的具体情况，合理设计计量点、正确使用量电设备、熟练装设计量装置，保证准确无误地计量各种电能，达到合理计收电费的目的，并负有对用户的供电设备进行检查、验收、送电的责任。（×）

**La4B3023**　电流互感器的电流比应按长期通过电流互感器的最大工作电流选择其额定一次电流，最好使电流互感器的一次侧电流在正常运行时为其额定值的 60% 左右，至少不得低于 30%，这样测量更准确。（√）

**La4B4024**　低压断路器是用于电路中发生过载、短路和欠压等不正常情况时，能自动分断电路的电器。（√）

**La2B3025**　在电工学中，用以表示正弦量大小和相位的矢量叫相量。（√）

**Lb5B1026**　橡皮软线常用于移动电工器具的电源连接导线。（√）

**Lb5B1027**　供电企业应在用户每一个受电点内按不同电价类别，分别安装用电计量装置。（√）

**Lb5B1028**　低压单相供电时相线、零线的导线截面相同。（√）

**Lb5B1029**　低压三相四线供电时，零线的截面不小于相线截面的 1/3。（×）

**Lb5B1030**　单相电能表型号的系列代号为 D。（√）

**Lb5B1031**　三相四线电能表型号的系列代号为 S。（×）

**Lb5B1032**　无功电能表的系列代号为 T。（×）

**Lb5B1033**　单相电能表铭牌上的电流为 2.5（10）A，其中 2.5A 为额定电流，（10）为标定电流。（×）

**Lb5B1034**　电能表的准确度等级为 2.0，即其基本误差不小于±2.0%。（×）

**Lb5B1035**　机电式单相交流电能表主要由驱动元件、转动元件、计数器、制动元件、接线端钮盒及外壳、电子功能模块等组成。（√）

**Lb5B1036**　驱动元件由电压元件和电流元件组成。（√）

**Lb5B1037**　单相电能表的电流线圈串接在相线中，电压线圈并接在相线和零线上。（√）

**Lb5B2038**　单相电能表的电流线圈不能接反，如接反，则电能表要倒走。（√）

**Lb5B2039**　电能表接线盒电压连接片不要忘记合上，合上后还要将连片螺丝拧紧，否则将造成不计电量或少计电量。（√）

**Lb5B2040**　用户单相用电设备总容量不足10kW的可采用低压 220V 供电。（√）

**Lb5B2041**　三相四线负荷用户要装三相二元件电能表。（×）

**Lb5B2042**　单相电能表，电压为 220V，标定电流为 2.5A，最大额定电流为 10A，在铭牌上标志应为 220V、2.5～10A。（×）

**Lb5B2043**　三相四线电能表，电压为 220/380V，标定电流 5A，最大额定电流 20A，在铭牌上标志应为 380～220V、5（20）A。（×）

**Lb5B2044**　10kV 电流互感器二次绕组 $S_2$ 端要可靠接地。（√）

**Lb5B2045**　单相负荷用户可安装一只单相电能表。（√）

**Lb5B3046**　电流互感器二次绕组不准开路。（√）

**Lb5B3047** 单相电能表制造厂给出的单相电能表接线图中，相线连接有一进一出和二进二出两种接法（×）。

**Lb5B3048** 380V 电焊机可安装一只 220V 单相电能表。（×）

**Lb5B3049** 三相三线电能表中相电压断了，此时电能表应走慢 1/3。（×）

**Lb5B3050** 减极性电流互感器，一次电流由 $P_1$ 进 $P_2$ 出，则二次电流由二次侧 $S_2$ 端接电能表电流线圈"·"或"※"端，$S_1$ 端接另一端。（×）

**Lb5B3051** 将电压 V、W、U 相加于相序表 U、V、W 端钮时应为正相序。（√）

**Lb5B3052** 正相序是 U 相超前 W 相 120°。（×）

**Lb5B3053** 经电流互感器接入的三相四线电能表，一只电流互感器极性反接，电能表走慢了 1/3。（×）

**Lb5B3054** 低压装置安装要符合当地供电部门低压装置规程及国家有关工艺、验收规范的要求。（√）

**Lb5B4055** 对三相四线电能表，标注 3×220/380V，表明电压线圈长期能承受 380V 线电压。（×）

**Lb4B1056** 三相四线制电路的有功功率测量，只能用三相三线表。（×）

**Lb4B1057** $2.5mm^2$ 塑料绝缘铜芯线的允许载流量为 32A。（×）

**Lb4B1058** 电缆外皮可作零线。（×）

**Lb4B1059** 220V 单相供电的电压偏差为额定值的±7%。（×）

**Lb4B1060** 电工刀的手柄是绝缘的，可以带电在导线上切削。（×）

**Lb4B1061** 电能表电压线圈匝数多、导线截面小、阻抗高。（√）

**Lb4B1062** 电流互感器运行时，二次回路严禁短路。（×）

**Lb4B2063**　高压电流互感器二次侧应有一点接地，以防止一次、二次绕组绝缘击穿，危及人身和设备安全。（√）

**Lb4B2064**　三相四线制中性线不得加装熔断器。（√）

**Lb4B2065**　电流互感器一次侧反接，为确保极性正确，二次侧不能反接。（×）

**Lb4B2066**　对于二次侧为多抽头结构的电流互感器，除接入仪表绕组外，其余绕组必须短接并接地。（×）

**Lb4B2067**　电流互感器与电压互感器二次侧可以连接使用。（×）

**Lb4B2068**　装表接电是业扩报装全过程的终结，是用户实际取得用电权的标志，也是电力销售计量的开始。（√）

**Lb4B2069**　3×1.5（6）A、3×100V 三相三线有功电能表，经 200/5 电流互感器和 10000/100 电压互感器计量，倍率为4000。（√）

**Lb4B2070**　电动机外部绕组接线从三角形改为星形接法时，可使电动机的额定电压提高到原来的 3 倍。（×）

**Lb4B2071**　无功电能表的各电压接入端应与有功电能表对应的电压接入端并接。（√）

**Lb4B2072**　电能计量装置是指计量电能所必须的计量器具和辅助设备的总体（包括电能表和电压、电流互感器及其二次回路等）。（√）

**Lb4B2073**　在交流电路中，电流滞后电压 90°，是纯电容电路。（×）

**Lb4B2074**　功率因数的大小只与电路的负载性质有关，与电路所加交流电压大小无关。（√）

**Lb4B2075**　LCW–35，其 35 表示互感器的设计序号。（×）

**Lb4B3076**　Ⅱ类计量装置电能表准确度等级为有功电能表 1.0 级、无功电能表 2.0 级。（×）

**Lb4B3077**　据检定规程规定，S 级电流互感器在 1%～120%标定电流范围内都有对应的误差限。（√）

**Lb4B3078**　一根导线的电阻是 6Ω，把它折成等长的 3 段，合并成一根粗导线，它的电阻是 2Ω。（×）

**Lb4B3079**　交流电路中，$RLC$ 串联时，若 $R=5Ω$，$X_L=5Ω$，$X_C=5Ω$，则串联支路的总阻抗是 15Ω。（×）

**Lb4B3080**　功率为 100W、额定电压为 220V 的白炽灯，接到 100V 的电源上，灯泡消耗的功率为 25W。（×）

**Lb4B3081**　三相电路中，线电压为 100V，线电流为 2A，负载功率因数为 0.8，则负载消耗的功率为 277W。（√）

**Lb4B3082**　某用户一个月有功电能为 2000kWh，平均功率因数 $\cos\varphi=0.8$，则其无功电能为 1500kvarh。（√）

**Lb4B3083**　电能表电流线圈有"·"或"*"标志的为电流流入端，当电流互感器一次 $P_1$ 为流入端，则其同极性标志 $S_1$ 为流出端。（√）

**Lb4B3084**　电压互感器二次回路连接导线截面积应按允许的电压降来计算，Ⅰ、Ⅱ类计量装置不超过 0.2%，其他装置不超过 0.5%，但至少应不小于 $2.5mm^2$。（√）

**Lb4B3085**　某用户供电电压为 220/380V，有功电能表抄读数为 2000kWh，无功电能表抄读数为 1239.5kvarh，该用户的平均功率因数为 0.85。（√）

**Lb4B3086**　接地线可作为工作零线。（×）

**Lb4B3087**　电能表能否正确计量负载消耗的电能，与时间有关。（×）

**Lb4B4088**　TN–C 系统中保护线与中性线合并为 PEN 线。（√）

**Lb3B2089**　电压互感器在运行中，其二次侧不允许开路。（×）

**Lb3B2090**　低压带电上电杆接线时，应先搭火线，再搭零线。（×）

**Lb3B3091**　低压配电室应尽量靠近用户负荷中心。（√）

**Lb3B3092**　三相三线两元件电能表抽去中相电压时应几

乎停走。（×）

**Lb3B3093** 计费用电压互感器二次可装设熔断器。（×）

**Lb3B3094** 带互感器的计量装置，应使用专用试验接线盒接线。（√）

**Lb3B3095** 型号为 DX 系列的电能表，属三相三线有功电能表。（×）

**Lb3B3096** 用于三相四线回路及中性点接地系统的电路叫星形接线。（√）

**Lb3B4097** 电压互感器的误差分为比差和角差。（√）

**Lb3B5098** 型号 LFZ–10 为环氧树脂浇注式 10kV 电流互感器。（√）

**Lb3B5099** 选择线路导线截面必须满足机械强度、发热条件、电压损失的要求。（√）

**Lb2B2100** 电流互感器接入电网时，按相电压来选择。（×）

**Lb2B3101** Ⅰ类计量装置电能表准确等级为有功电能表 0.5 级、无功电能表 1.0 级。（×）

**Lb2B3102** 按计量装置分类：Ⅰ类用户应安装 0.2 级或 0.2S 级的电流互感器。（√）

**Lb2B3103** 按计量装置分类：Ⅱ类用户应安装 0.5 级或 0.5S 级的电流互感器。（×）

**Lb2B3104** S 级电流互感器在 0.1%～120%电流范围内，其误差应能满足规程要求。（×）

**Lb2B3105** 电压互感器二次电压有 100、57.7V 两种。（√）

**Lb2B3106** 三相四线电能计量装置不论是正相序接线还是逆相序接线，从接线原理来看均可正确计量有功电能。（√）

**Lb2B4107** 35kV 电压供电的计费电能表，应采用专用的互感器或电能计量箱。（√）

**Lb2B4108** 带电检查高压计量电能表接线时，应先测量电能表各端子对地电压。（√）

**Lb2B4109** 电子式复费率电能表的峰、平、谷电量之和与总电量之差不得大于±0.1%。（√）

**Lb2B5110** 装设复费率有功电能表可以考核用户的功率因数。（×）

**Lb2B5111** 自动抄表系统不能持手抄器现场抄表。（×）

**Lb1B2112** 国家规定35kV及以上电压等级供电的用户，受电端电压正、负偏差不得超过额定值的±9%。（×）

**Lb1B3113** 并网的自备发电机组应在其联络线上分别装设具有双向计量的有功及无功电能表。（√）

**Lb1B3114** 对用户计费的110kV及以上的计量点或容量在3150kVA及以上的计量点，应采用0.5级或0.5S级的有功电能表。（√）

**Lb1B4115** 变配电所的35、110kV配电装置和主变压器的断路器，应在控制室集中控制；6～10kV配电装置中的断路器，一般采用就地控制。（√）

**Lb1B4116** 运用多股线连接电能表时，进出电能表导线部分必须镀锡。（√）

**Lb1B4117** 高压供电的用户，原则上应采用高压计量，计量方式和电流互感器的变比应由供电部门确定。（√）

**Lb1B5118** 尖嘴钳是不适宜用来剥除绝缘导线端部绝缘层的。（√）

**Lb1B5119** 三相三线无功电能表在正常运行中产生反转的一个原因是三相电压进线相序接反或容性负荷所致。（√）

**Lb1B5120** 计费电能表不装在产权分界处，变压器损耗和线路损耗由产权所有者负担。（×）

**Lb1B5121** 若电压互感器负载容量增大，则准确度要降低。（√）

**Lc5B1122** 单相家用电器电流一般按4A/kW计算。（×）

**Lc5B2123** RL型为瓷插式熔断器。（×）

**Lc5B2124** RT0型为有填料封闭式熔断器。（√）

**Lc5B3125** 低压测电笔的内电阻，其阻值应大于 1MΩ。（√）

**Lc4B1126** 正常情况下，我国实际使用的安全电压是 220V。（×）

**Lc4B2127** 不得将接户线从一根短木杆跨街道接到另一根短木杆。（√）.

**Lc4B2128** 非专线供电的用户，需要在用户端加装保护装置。（√）

**Lc4B2129** 用户要求校验计费电能表时，供电部门应尽速办理，不得收取校验费。（×）

**Lc4B3130** 电流通过人体，从左手到脚对人体危害最大。（√）

**Lc4B3131** 1995 年 12 月 28 日，《中华人民共和国电力法》由八届人大常委会第十七次会议通过，自 1996 年 4 月 1 日起施行。（√）

**Lc3B2132** 35kV 及以上电压供电的，电压偏差的绝对值之和不超过额定值的 15%。（×）

**Lc3B3133** 用户提高功率因数只对电力系统有利，对用户无利。（×）

**Lc3B3134** 正弦交流电三要素是：幅值、角频率、初相角。（√）

**Lc3B4135** 两只额定电压为 220V 的白炽灯泡，一个是 100W，一个是 40W。当将它们串联后，仍接于 220V 线路，这时 100W 灯泡亮，因为它的功率大。（×）

**Lc2B3136** 在电缆敷设中，低压三相四线制电网应采用三芯电缆。（×）

**Lc2B4137** 高压互感器每 5 年现场检验一次。（×）

**Lc2B5138** 由电力电子器件等非线性元件组成的用电设备，是电力系统产生谐波的主要谐波源之一。（√）

**Lc2B5139** 当电路中串联接入电容后，若仍维持原电压不

变，电流增加了，则原电路是感性的。（√）

**Lc1B3140** 熔断器的极限分断电流应大于或等于被保护电路可能出现的短路冲击电流的有效值。（√）

**Lc1B4141** 工作人员在电压为 110kV 现场工作时，正常活动范围与带电设备的安全距离为 0.5m。（×）

**Lc1B5142** 电力系统谐波产生的原因是由于电力系统中某些设备和负荷的非线性特性，当正弦波（基波）电压施加到非线性负载上时，负载吸收的电流与其上施加的电压波形不一致，导致电流发生了畸变。（√）

**Lc1B4143** 用户有单台设备容量超过 1kW 的单相电焊机、换流设备时，虽未采取有效的技术措施以消除对电能质量的影响，按规定仍可采用低压 220V 供电。（×）

**Lc1B5144** QC 小组的特点有明显的自主性、广泛的群众性、高度的民主性、严密的科学性。（√）

**Jd5B1145** 用户单相用电设备总容量在 25kW 以下，采用低压单相二线进户。（×）

**Jd5B1146** 用户用电负荷电流超过 25A 时，应三相三线或三相四线进户。（×）

**Jd5B1147** 用户用电设备容量在 100kW 以下，一般采用低压供电。（√）

**Jd5B1148** 用户用电设备容量在 100kW 以上，宜采用高压供电。（×）

**Jd5B1149** 进户线应是绝缘良好的铝芯导线，其截面的选择应满足导线的安全载流量。（×）

**Jd5B2150** 兆欧表主要由手摇发电机、磁电式流比计、外壳等组成。（√）

**Jd5B2151** 钢丝钳钳口用来紧固或起松螺母。（×）

**Jd5B2152** 在低压带电作业时，钢丝钳钳柄应套绝缘管。（√）

**Jd5B2153** 尖嘴钳主要用于二次小线工作，其钳口用来弯

折线头或把线弯成圈以便接线螺丝,将它旋紧,也可用来夹持小零件。(√)

**Jd5B2154** 斜口钳是用来割绝缘导线的外包绝缘层。(×)

**Jd5B3155** 交流钳形电流表主要由单匝贯穿式电流互感器和磁电式仪表组成。(√)

**Jd5B3156** 高供低计的用户,计量点到变压器低压侧的电气距离不宜超过 20 米。(√)

**Jd5B3157** 电能表箱的门上应装有 8cm 宽度的小玻璃,便于抄表,并加锁加封。(√)

**Jd5B3158** 专用计量箱(柜)内的电能表由电力公司的供电部门负责安装并加封印,用户不得自行开启。(√)

**Jd4B1159** 暗式电能表箱下沿距地面一般不低于 0.8m,明装表箱不低于 1.5m。(×)

**Jd4B1160** 进表线应无接头,穿管子进表时管子应接表箱位置。(×)

**Jd4B1161** 电压相序接反,有功电能表将反转。(×)

**Jd4B2162** 自动空气断路器前必须安装有明显断开点的隔离开关。(√)

**Jd4B2163** 计费电能表装置尽量靠近产权分界点;电能表和电流互感器尽量靠近装设。(√)

**Jd4B2164** 低压接地方式的组成部分可分为电气设备和配电系统两部分。(√)

**Jd4B3165** 城乡居民客户向供电企业申请用电,受电装置检验合格并办理相关手续后,5 个工作日内送电。(×)

**Jd4B3166** 非居民客户向供电企业申请用电,受电工程验收合格并办理相关手续后,7 个工作日内送电。(×)

**Jd4B4167** 35kV 以上计费用电压互感器二次回路,应不装设隔离开关辅助触点和熔断器。(√)

**Jd3B2168** 电能表应垂直安装,偏差不得超过 5°。(×)

**Jd3B3169** 电压互感器到电能表的二次电压回路的电压

降不得超过 2%。（×）

**Jd3B3170**　电能表应在离地面 0.5～1.5m 之间安装。（×）

**Jd2B3171**　高压电压互感器二次侧要有一点接地，金属外壳也要接地。（√）

**Je5B1172**　多芯线的连接要求，接头长度不小于导线直径的 5 倍。（×）

**Je5B1173**　三相四线制用电的用户，只要安装三相三线电能表，不论三相负荷对称或不对称都能正确计量。（×）

**Je5B1174**　对 10kV 电压供电的用户，应配置专用的计量电流、电压互感器。（√）

**Je5B1175**　安装单相电能表时，电源相线、中性线可以对调接。（×）

**Je5B1176**　低压线路穿过墙壁要穿瓷套管或硬塑料管保护，管口伸出墙面约 10mm。（√）

**Je5B1177**　进户线应采用绝缘良好的铜芯线，不得使用软导线，中间不应有接头，并应穿钢管或硬塑料管进户。（√）

**Je5B1178**　采用低压电缆进户，电缆穿墙时最好穿在保护管内，保护管内径不应小于电缆外径的 2 倍。（×）

**Je5B1179**　装置在建筑物上的接户线支架必须固定在建筑物的主体上。（√）

**Je5B1180**　用电容量在 100kVA（100kW）及以上的工业、非普通工业用户均要实行功率因数考核，需要加装无功电能表。（√）

**Je5B1181**　经电流互感器接入的电能表，其电流线圈直接串联在一次回路中。（×）

**Je5B1182**　为提高低负荷计量的准确性，应选用过载 4 倍及以上的电能表。（√）

**Je5B2183**　螺丝刀是用来紧、松螺钉的工具。（√）

**Je5B2184**　用钳形表测量被测电流大小难于估计时，可将量程开关放在最小位置上进行粗测。（×）

**Je5B2185** 冲击钻具有两种功能：一种可作电钻使用，要用麻花钻头；一种用硬质合金钢钻头，在混凝土或墙上冲打圆孔。（√）

**Je5B2186** 用万用表进行测量时，不得带电切换量程，以防损伤切换开关。（√）

**Je5B2187** 塑料护套线不适用于室内潮湿环境。（×）

**Je5B2188** Ⅳ类电能计量装置是指负荷容量为 315kVA 以下的计费用户、发供电企业内部经济技术指标分析、考核用的电能计量装置。（√）

**Je5B2189** 进户点的位置应明显易见，便于施工操作和维护。（√）

**Je5B2190** 带有数据通信接口的电能表，其通信规约应符合 DL/T 645 的要求。（√）

**Je5B2191** 某家庭装有 40W 电灯 3 盏、1000W 空调 2 台、100W 电视机 1 台，则计算负荷为 2300W。（×）

**Je5B2192** 电流互感器二次导线截面不大于 $2.5mm^2$。（×）

**Je5B2193** 电能表安装应牢固、垂直，其倾斜度不应超过 1°。（√）

**Je5B3194** 三相三线制供电的用电设备可装一只三相四线电能表计量。（×）

**Je5B3195** 按 DL/T 825—2002 规程规定，二次回路的绝缘电阻不应小于 5MΩ。（√）

**Je5B3196** 配电盘前的操作通道的宽度一般不小于 1.5m。（√）

**Je5B3197** 跨越配电屏前通道的裸导体部分离地不应低于 2.0m。（×）

**Je5B3198** 配电屏组装后总长度大于 6m 时，屏后通道应有两个出口。（√）

**Je5B3199** Ⅰ、Ⅱ、Ⅲ类贸易结算用电能计量装置应按计量点配置计量专用电压、电流互感器或者专用二次绕组。（√）

**Je5B3200**　电压互感器二次回路的电压降，Ⅰ类计费用计量装置，应不大于额定二次电压的 0.5%。（×）

**Je4B1201**　腰带是电杆上登高作业必备用品之一，使用时应束在腰间。（×）

**Je4B1202**　预付费电能表是在普通电子式电能表基础上增加微处理器及 IC 卡接口、表内跳闸继电器、显示器等部件构成的。（√）

**Je4B1203**　对一般的电流互感器来说，当二次负荷的 $\cos\varphi$ 值增大时，其误差是偏负变化。（×）

**Je4B1204**　用"相量图法"判断电能计量装置接线的正确性，必须满足三相电压基本对称，负载电流、电压、$\cos\varphi$ 应保持基本稳定，负载性质明确。（√）

**Je4B1205**　具有正、反向送电的计量点应装设计量正向和反向有功电量以及四象限无功电量的电能表。（√）

**Je4B1206**　理论上说，当用两功率表法测量三相三线制电路的有功功率或电能时，不管三相电路是否对称都能正确测量。（√）

**Je4B1207**　安装式电能表的标定电流是指长期允许工作的电流。（×）

**Je4B2208**　电缆外皮可作为零线。（×）

**Je4B2209**　Ⅰ类电能计量装置的有功、无功电能表与测量互感器的准确度等级分别为 0.5S 级、2.0 级、0.2S 级。（√）

**Je4B2210**　三相三线有功电能表，由于错误接线，在运行中始终反转，则更正系数必定是负值。（√）

**Je4B2211**　我们通常所说的一只 5A、220V 单相电能表，这里的 5A 是指这只电能表的额定电流。（×）

**Je4B2212**　220V 单相供电的电压偏差为额定值的+7%、−10%。（√）

**Je4B2213**　实际负荷改变，电流互感器所接二次负荷随之改变。（×）

**Je4B2214** 三相四线制供电系统的中性线上，不得加装熔断器。（√）

**Je4B2215** 电能表安装处与加热系统距离不应小于0.5m。（√）

**Je4B2216** 对照明用户自备的电能表，供电公司不应装表接电。（√）

**Je4B2217** 对用户不同受电点和不同用电类别的用电应分别安装计费电能表。（√）

**Je4B2218** 装设在110kV及以上计量点的计费电能表应使用互感器的专用二次回路。（√）

**Je4B2219** 当电能表和互感器由用户提供时，应在安装前先送到供电部门电能计量室进行校验。（√）

**Je4B2220** 低压供电，负荷电流为50A及以下时，宜采用直接接入式电能表；负荷电流为50A以上时，宜采用经电流互感器接入式的接线方式。（√）

**Je4B3221** 机电式电能表的运行寿命和许多因素相关，其中最主要的是电压元件的寿命。（×）

**Je4B3222** 对造成电能计量差错超过10万kWh及以上者，应及时上报省级电网经营企业用电管理部门。（√）

**Je4B3223** 经消弧线圈等接地的计费用户且年平均中性点电流（至少每季测试一次）大于$0.1\%I_N$（额定电流）时，也应采用三相四线有功、无功电能表。（√）

**Je4B3224** 电流互感器在运行中二次回路不允许开路，否则易引起高电压，危及人身与设备安全。（√）

**Je4B3225** 中性点有效接地系统应采用三相四线有功、无功电能表。（√）

**Je4B3226** 电压互感器接线的公共点就是二次侧必须接地的一点，以防止一、二次绝缘击穿，高电压窜入二次回路而危及人身安全。（√）

**Je4B3227** 中性点非有效接地系统一般采用三相三线有

功、无功电能表。（√）

**Je4B3228** 最大需量表能指示出两次抄表周期中的用户需量最大值。（√）

**Je4B3229** 供电企业应在用户每一个受电点内按不同电价类别，分别安装用电计量装置。（√）

**Je4B3230** 对范围变化较大的负荷，为提高轻负荷运行计量的准确度，可选用 S 级电流互感器。（√）

**Je4B3231** 低压计量装置应符合相应的计量方式：容量较大和使用配电柜时，应用计量柜；容量小于 100kW 时，应用计量箱。（√）

**Je4B3232** 一次接线图也称主接线图，它是电气设备按顺序连接的图纸，反映了实际的连接关系。（√）

**Je4B3233** 在破产用户原址上用电的，按新装用电办理。（√）

**Je4B3234** 供电企业在新装、换装及现场校验后应对用电计量装置加封，可以不在凭证上签章。（×）

**Je4B4235** 计费电能表配用的电流互感器，其准确度等级至少为 0.2 级，一次侧工作电流在正常运行时应尽量大于额定电流的 2/3，至少不低于 1/3。（×）

**Je4B4236** 用户可自行在其内部装设考核能耗用的电能表，该表所示读数可作为供电企业计费依据。（×）

**Je4B4237** 直接接入式单相电能表和小容量动力表，可直接按用户所装设备总电流的 50%～80%来选择标定电流。（×）

**Je3B2238** 使用电压互感器时，一次绕组应并联接入被测线路。（√）

**Je3B2239** 使用电流互感器时，应将其一次绕组串联接入被测线路。（√）

**Je3B2240** 在电流互感器二次回路上工作时，应先将电流互感器二次侧短路。（√）

**Je3B3241** 低压供电，负荷电流为 80A 及以下时，宜采用

直接接入式电能表。（×）

**Je3B3242** 电气工作人员在 10kV 配电装置上工作，其正常活动范围与带电设备的最小安全距离为 0.35m。（√）

**Je3B3243** 机电式电能表的转盘旋转的速度与通入该表电流线圈电流的大小成反比。（×）

**Je3B3244** 电压互感器二次侧反接，为确保计量正确，应调换接入电能表的电压线。（×）

**Je3B3245** 到用户现场带电检查时，检查人员应不得少于 2 人。（√）

**Je3B3246** 钢丝钳的铡口是用来铡切钢丝等较硬金属的。（√）

**Je3B3247** 所有计费用电流互感器的二次接线应采用分相接线方式。（√）

**Je3B4248** 为防突然来电，当验明检修设备确已无电压后，应立即将设备短接，并三相接地。（√）

**Je3B4249** 电压互感器的一次侧隔离断开后，其二次回路应有防止电压反馈的措施。（√）

**Je3B5250** 在电力系统非正常状况下，用户受电端的电压最大允许偏差不应超过额定值的 ±15%。（×）

**Je3B5251** 安装在用户处的 35kV 以上计费用电压互感器二次回路，应不装设隔离开关辅助接点，但可装设熔断器。（√）

**Je2B2252** 电子式三相电能表无论测量有功电能还是测量无功电能，其采样、A/D 转换部件的功能是相同的。（√）

**Je2B3253** 导线截面应根据导线的允许载流量、线路的允许电压损失值，导线的机械强度等条件来选择。（√）

**Je2B3254** 接入中性点非有效接地的高压线路的计量装置，宜采用三相四线有功、无功电能表。（×）

**Je2B3255** 接入中性点有效接地的高压线路的三台电压互感器，应按 $Y_0/y_0$ 方式接线。（√）

**Je2B3256** 对三相三线制接线的电能计量装置，其两台电

流互感器二次绕组与电能表之间宜采用简化的三线连接。（×）

**Je2B3257** 对计量装置电流二次回路，连接导线截面积应按电流互感器的额定二次负荷计算确定，至少应不小于 4mm²。（√）

**Je2B4258** 三相三线制供电的中性点有效接地系统应装三相三线电能表。（×）

**Je2B4259** 电子式电能表在停电时宜采用不可充电的锂电池维持电能表的显示和时钟等基本功能。（√）

**Je2B4260** 为防止电流互感器在运行中烧坏，其二次侧应装熔断器。（×）

**Je2B5261** 互感器实际二次负荷应在 30%～100%额定二次负荷范围内。（×）

**Je2B5262** 三相三线制接线的电能计量装置，当任意一台电流互感器二次侧极性接反时，三相三线有功电能表都会反转。（×）

**Je1B2263** 三相三线内相角为 60° 的无功电能表，能够用在复杂不对称电路中而无线路附加误差。（×）

**Je1B3264** 对新建电源、电网工程的Ⅲ类贸易结算用电能计量装置，应按计量点优先配置互感器专用二次绕组。（×）

**Je1B3265** 35kV 电压供电的用户，必须配置全国统一标准的电能计量柜或电能计量箱。（×）

**Je1B3266** 带有数据通信接口的电能表，其通信规约应符合 DL/T 448 的要求。（×）

**Je1B4267** 电压失压计时器是由电流启动的装置，如果没有电流，无论有无电压，电压失压计时器都不会启动计时。（√）

**Je1B4268** 配电系统电源中性点接地电阻一般应小于4Ω。当配电变压器容量不大于 100kVA 时，接地电阻可不大于10Ω。（√）

**Je1B4269** 装设隔离开关辅助接点严重影响电能计量装置的计量性能，为此，通常用隔离开关辅助接点控制一个中间

继电器,再由中间继电器的主触点控制电能表的电压回路。(√)

**Je1B5270** 静止式电能表电流回路的负载功率因数近似为 0.8。(×)

**Je1B5271** 接地线应用多股软裸铜线,其截面应符合短路电流的要求,但不得小于 $25mm^2$。(√)

**Je1B5272** 10kV 电压互感器在高压侧装有熔断器,其熔断丝电流应为 1.5A。(×)

**Je1B5273** 高压设备发生接地故障时,室内不得接近故障点 4m 以内,室外不得接近故障点 8m 以内。(√)

**Jf5B1274** 电能表应安装在清洁干燥场所。(√)

**Jf5B1275** 低压测电笔由氖管、电阻、弹簧和壳体组成。(√)

**Jf5B2276** 电工刀常用来切削线的绝缘层和削制木楔等。(√)

**Jf5B2277** 剥线钳主要由钳头和钳柄组成。(×)

**Jf5B3278** 活动扳手是用手敲打物体的工具。(×)

**Jf4B3279** 供电企业对查获的窃电者,应予制止,但不得当场中止供电。(×)

**Jf4B4280** 临时用电的用户,应安装用电计量装置。对不具备安装条件的,可按其用电容量、使用时间、规定的电价计收电费。(√)

**Jf3B3281** 自动空气开关,在电路发生过载和短路故障时,能自动断开电路。(√)

**Jf3B5282** 临时用电期限除经供电企业准许外,一般不得超过三个月,逾期不办理延期或永久性正式用电手续的,供电企业应终止供电。(×)

**Jf2B4283** W 相电压互感器二次侧断线,将造成三相三线有功电能表可能正转、反转或不转。(√)

**Jf2B5284** 10kV 及以下公用高压线路供电的,以用户厂界外或配电室前的第一断路器或第一支持物为产权责任分界点,

第一断路器或第一支持物属供电企业。（√）

**Jf1B3285** 电价低的供电线路上，擅自接用电价高的用电设备或私自改变用电类别的，应按实际使用日期补交其差额电费，并承担三倍差额电费的违约使用电费。（×）

**Jf1B3286** 安装在用户处的用电计量装置，因产权属于供电企业，因此用户不负责保护。（×）

**Jf1B4287** 电缆的绝缘结构与电压等级有关，一般电压越高，绝缘层越厚，两者成正比。（×）

**Jf1B5288** 在供电企业的供电设施上，擅自接线用电的，所窃电量按私接设备额定容量（千伏安视同千瓦）乘以实际使用时间计算确定。（√）

# 4.1.3 简答题

**La5C1001 什么叫电源、电压、电路、频率？**

答：它们的定义分述如下。

（1）将各种形式的能量转换成电能的装置，通常指电路的能量源叫电源。

（2）电流所流经的路径叫电路。

（3）电路中两点间的电位差叫电压，用符号"$U$"来表示。

（4）交流电每秒钟内变化的次数叫频率，用符号"$f$"来表示。

**La5C1002 什么叫相电压、线电压？**

答：它们的定义分述如下。

（1）在交流电路中，由发电机或变压器输出端引出的导线称为相线或零线，相线与零线之间的电压称为相电压。

（2）在三相交流电路中，相与相之间的电压称为线电压。

（3）线电压是相电压的$\sqrt{3}$倍。

**La5C1003 电流方向是如何规定的？自由电子的方向是不是电流的方向？**

答：习惯上规定正电荷运动的方向为电流的方向，因此在金属导体中电流的方向和自由电子的运动方向相反。

**La5C1004 电动势与电压有什么区别？它们的方向是怎样规定的？**

答：电动势是将外力克服电场力所做的功，而电压则是电场力所做的功；电动势的正方向为电位升的方向，电压的方向为电位降的方向。

**La5C1005　何谓正弦交流电的三要素？**

答：正弦交流电的三要素是最大值、角频率和初相角。

**La5C1006　什么是基尔荷夫第一定律？**

答：基尔荷夫第一定律为在同一时间通过电路中任一节点的电流之代数和等于零。

**La5C1007　什么是基尔荷夫第二定律？**

答：基尔荷夫第二定律为在任一闭合回路内各段电压的代数和等于零。

**La5C1008　何谓容抗？**

答：交流电流流过具有电容的电路时，电容有阻碍交流电流流过的作用，此阻碍作用称为容抗。

**La5C1009　什么叫无功功率？**

答：在具有电感或电容的电路中，电感或电容在半周期的时间里又将贮存的磁场（或电场）能量送给电源，与电源进行能量交换，并未真正消耗能量，我们把与电源交换能量速率的振幅称为无功功率。

**La5C1010　什么叫三相交流电？**

答：由三个频率相同、电动势振幅相等、相位互差 120°的交流电路组成的电力系统，叫做三相交流电。

**La5C1011　分别按"计量法"规定的法定计量单位写出以下电表的单位符号：有功电能表、无功电能表、有功千瓦功率表、相位表。**

答：它们的法定计量单位符号如下。

（1）有功电能表：kWh。

（2）无功电能表：kvarh。

（3）有功千瓦功率表：kW。

（4）相位表：°。

**La5C1012　如何选择电动机的熔断器？**

**答**：电动机的熔断器额定电压应等于或大于电动机的额定电压；当保护一台电动机时熔断器的额定电流，应是 1.5～2.5 倍电动机额定电流。

**La5C1013　怎样用右手螺旋定则判断通电线圈内磁场的方向？**

**答**：其判断方法如下。

（1）用右手握住通电线圈，使四指指向线圈中电流的方向。

（2）使拇指与四指垂直，则拇指所指方向即为线圈内磁场的方向。

**La5C1014　什么是左手定则？**

**答**：左手定则又称电动机左手定则或电动机定则，用于判断载流导体的运动方向。其判断方法如下。

（1）伸平左手手掌，张开拇指并使其与四指垂直。

（2）使磁力线垂直穿过手掌心。

（3）使四指指向导体中电流的方向，则拇指指向为载流导体的运动方向。

**La5C1015　什么叫正相序？正相序有几种形式？**

**答**：在三相交流电相位的先后顺序中，其瞬时值按时间先后从负值向正值变化，经零值的依次顺序称正相序；正相序有三种形式：UVW、VWU、WUV。

**La5C1016　什么叫相位？**

答：在 $u=u_m\sin(\omega t+\varphi)$ 中，$(\omega t+\varphi)$ 是表示正弦交流电进程的一个量，称相位（也称相角）。

**La5C1017　什么叫电抗？**

答：在具有电感和电容的电路中，存在感抗和容抗，感抗和容抗互相作用抵消的差值叫电抗。

**La5C1018　电能计量装置包含哪些内容？**

答：电能计量装置包含各种类型电能表，计量用电压、电流互感器及其二次回路、电能计量柜（箱）等。

**La5C2019　功率因数低有什么危害？**

答：功率因数低的危害如下。

（1）增加了供电线路的损失，为了减少这种损失则必须增大供电线路的截面，这又增加了投资。

（2）增加了线路的电压降，降低了电压质量。

（3）降低了发、供电设备的利用率。

（4）增加了企业的电费支出，加大了成本。

**La5C2020　功率因数低的原因是什么？**

答：功率因数低的原因如下。

（1）大量采用感应电动机或其他电感性用电设备。

（2）电感性用电设备不配套或使用不合理，造成设备长期轻载或空载运行。

（3）民用电器（照明、家电等）没有配置电容器。

（4）变电设备有功负载率和年利用小时数过低。

**La5C2021　在直流电路中，电流的频率、电感的感抗、电容的容抗各为多少值？**

答：在直流电路中，电流的频率为零、电感的感抗为零、

鉴定试题库　简　答　题

电容的容抗为无穷大。

**La5C2022　中性点与零点、零线有何区别？**

**答**：凡三相绕组的首端（或尾端）连接在一起的共同连接点，称中性点。

当中性点与接地装置有良好的连接时，该中性点便称为零点；而由零点引出的导线，则称为零线。

**La5C2023　电力生产的特点是什么？**

**答**：电力生产的特点如下。

（1）发、供、用同时完成的，电力产品不能储存，产、供、用必须随时保持平衡。

（2）电力供应与使用密切相关，供应环节出现了事故会影响广大用户，一个用户出了问题也会影响其他用户，以至影响生产环节，造成社会损失。

**La5C2024　什么叫用电负荷和供电负荷？**

**答**：它们的意义分述如下。

（1）用户的用电设备在某一时刻实际取用的功率总和，也就是用户在某一时刻对电力系统所要求的功率，称用电负荷。

（2）用电负荷加上同一时刻的线路损失和变压器损失负荷，称为供电负荷。它是发电厂对外供电时所承担的全部负荷。

**La5C2025　什么叫平均负荷和负荷率？**

**答**：它们的意义分述如下。

（1）某一时期内，瞬间负荷的平均值称为平均负荷。

（2）平均负荷与最高负荷的比值，用来说明负荷的平均程度称负荷率。

**La5C2026　何谓电能表接入二次回路的独立性？**

答：电能表的工作状态不应受其他仪器、仪表、继电保护和自动装置的影响，因此要求与电能表配套的电压、电流互感器是专用的；若无法用专用的，也需专用的二次绕组和二次回路。此为电能表接入二次回路的独立性。

**La5C2027　电力供应与使用双方的关系原则是什么？**

答：电力供应与使用双方应当根据平等自愿、协商一致的原则，按照国务院制定的电力供应与使用办法签订供用电合同，确定双方的权利和义务。

**La5C2028　什么叫视在功率、功率因数？**

答：它们的意义如下。

（1）在具有电阻和电抗的电路中，电流与电压的乘积称视在功率。

（2）功率因数又称"力率"，是有功功率与视在功率的比值，通常用 $\cos\varphi$ 表示，即功率因数（$\cos\varphi$）=有功功率（kW）/视在功率（kVA）。

**La5C2029　什么叫过电压？**

答：在电力系统运行中，由于雷击、操作、短路等原因，导致危及设备绝缘的电压升高，称为过电压。

**La5C2030　何谓电能表的常数？**

答：电能表的常数是指每千瓦时（kWh）电能表的转动圈数，即 r/kWh［或转/（千瓦时）］。电子式电能表的常数采用的是脉冲输出，通常用一个千瓦时多少个脉冲，即 imp/kWh 表示。

**La5C2031　计量装置在运行中电压回路发生故障，一般采用何种技术措施获取相关参数？**

答：一般采用安装电压失压计时器或多功能电能表。多功能电能表可以利用自身失压记录功能获取计量装置失压时间信息。

**La5C2032　电流互感器的额定电压的含义是什么？**

答：其含义如下。

（1）将该电流互感器安装于所标明的电压标称值的电力系统中。

（2）说明该电流互感器的一次绕组的绝缘强度。

**La5C2033　何谓电流互感器的额定容量？**

答：电流互感器的额定容量是额定二次电流 $I_{2N}$ 通过额定二次负载 $Z_{2N}$ 时所消耗的视在功率 $S_{2N}$，即

$$S_{2N} = I_{2N}^2 Z_{2N}$$

**La5C2034　按常用用途分类，电能表主要分为哪几种？**

答：按常用用途分类，电能表主要有单相有功电能表、三相有功电能表、三相无功电能表、最大需量电能表、分时电能表、多功能电能表、铜损耗电能表、预付费电能表等。

**La5C2035　简述国产电能表型号：DD86、DS862–4、DX862–2、DT862–4 型号中各个字母的含义。**

答：它们的型号中各字母含义分述如下。

（1）第一个字母为类别代号，只有一位字母"D"，为电能表。

（2）第二个字母为组别代号中的一部分，其中"D"为单相，"S"为三相三线有功，"T"为三相四线有功，"X"为三相无功。

（3）组别代号后面为各生产厂的设计序列号。其中的"–2"、"–4"分别为电能表的最大电流为标定电流的倍数。

**La5C2036** 选择电流互流器时,应根据哪几个参数选择?

**答**:应根据以下几个参数选择电流互感器。

(1)额定电压。

(2)准确度等级。

(3)额定一次电流及变比。

(4)二次额定容量和额定二次负荷的功率因数。

**La5C2037** 简述最大需量电能表的用途。

**答**:最大需量电能表是计量在一定结算期内(一般为一个月)某一段时间(我国现执行 15min)用户用电平均功率,并保留其最大一次指示值。所以,使用它可以确定用电单位的最高需量,对降低发供电成本、挖掘用电潜力、安全运行、计划用电方面具有很大的经济意义。

**La5C2038** 运行中的电流互感器,其误差的变化与哪些工作条件有关?

**答**:运行中的电流互感器,其误差与一次电流、频率、波形、环境温度的变化及二次负荷、相位角 $\varphi_0$ 的大小等工作条件有关。

**La5C2039** 电流互感器的误差有几种?

**答**:电流互感器的误差分为电流比差 $\Delta I$ 和相位角差。其中:

比差
$$\Delta I = \frac{K_N I_2 - I_1}{I_1} \times 100\%$$

式中 $K_N$——额定变流比;

$I_1$——一次电流值;

$I_2$——二次电流值。

角差:电流互感器二次电流值 $I_2$ 逆时针旋转 180° 后,与一次电流相量间的夹角,并规定 $I_2$ 超前 $I_1$ 时,误差为正,反之为负。

**La5C2040　影响电流互感器误差的因素主要有哪些？**

**答**：影响电流互感器误差的因素如下。

（1）当电流互感器一次电流增大时，误差减小；当一次电流超过额定值数倍时，电流互感器将工作在磁化曲线的非线性部分，电流的比差和角差都将增加。

（2）二次回路阻抗 $Z_2$ 加大，影响比差增大较多，角差增大较少；功率因数 $\cos\varphi_2$ 降低，使比差增大，而角误差减小。

（3）电源频率对误差影响一般不大，当频率增加时，开始时误差稍有减小，而后则不断增大。

**La5C3041　简述电流互感器的基本结构。**

**答**：电流互感器的基本结构由两个相互绝缘的绕组和公共铁芯构成。与线路连接的绕组叫一次绕组，匝数很少；与测量表计、继电器等连接的绕组叫二次绕组，匝数较多。

**La5C3042　简述电压互感器的基本结构。**

**答**：电压互感器由一个共用铁芯、两个相互绝缘的绕组构成。它的一次绕组匝数较多，与用户的负荷并联；二次绕组匝数较少，与电能表、继电器的电压线圈并接。

**La5C3043　如何正确地选择电流互感器的变比？**

**答**：应按电流互感器长期最大的二次工作电流 $I_2$ 选择其一次额定电流 $I_{1n}$，并应尽可能使其工作在一次额定电流的 60% 左右，但不宜使互感器经常工作在额定一次电流的 30% 以下，否则应选用带 S 级的电流互感器，或减小变比。

**La5C3044　什么叫变压器的利用率？怎样计算？**

**答**：变压器的利用率 $\mu$ 是变压器的平均利用容量 $S_{av}$ 与变压器的额定容量 $S_n$ 之比，即 $\mu = \dfrac{S_{av}}{S_n} \times 100\%$。

**La5C3045　减少电能计量装置综合误差措施有哪些？**

**答**：其措施如下。

（1）调整电能表时考虑互感器的合成误差。

（2）根据互感器的误差，合理地组合配对。

（3）对运行中的电流、电压互感器，根据现场具体情况进行误差补偿。

（4）加强 TV 二次回路压降监督管理，加大二次导线的截面或缩短二次导线的长度，使压降达到规定的标准。

**La5C3046　对熔断器装置的要求是什么？**

**答**：熔断器装置应符合下列要求。

（1）熔断器上应标有额定电压、电流，并尽量标明所放熔体的大小规格。

（2）熔断器应完整无损，接触紧密可靠，应垂直安装。

（3）瓷插式熔断器的熔体应采用合格的铅合金丝或铜熔丝。

（4）不得用多根小规格熔丝代替一根较大规格的熔丝。

（5）螺旋式熔断器的进线应接在底座中心端点上，出线应接在螺纹壳上。

**La5C3047　简述电能表的转动原理。**

**答**：电能表接入电路后，电压元件产生与电压滞后 90° 的电压工作磁通，电流元件产生两个与电流同相的电流工作磁通，电压和电流工作磁通分别在不同的时间和空间穿过铝质转盘，并在转盘上感应出三个涡流，这三个涡流又与磁通相互作用产生力矩，使圆盘转动。

**La5C3048　电力企业职工的哪些行为，按《电力法》将追究刑事责任或依法给予行政处分？**

**答**：有以下一些行为。

（1）违反规章制度、违章调度或者不服从调度指令，造成重大事故的。

（2）故意延误电力设施抢修或者抢险救灾供电，造成严重后果的。

（3）勒索用户、以电谋私构成犯罪的，依法追究刑事责任；尚不构成犯罪的，依法给予行政处分。

**La5C3049　简述楞次定律的内容。**

**答：**楞次定律是用来判断线圈在磁场中感应电动势方向的。当线圈中的磁通增加时，感应电流要产生一个与原磁通方向相反的磁通企图阻止线圈中磁通的增加；当线圈中的磁通要减少时，感应电流又产生一个与原磁通方向相同的磁通，阻止它的减少。

**La5C3050　简述电磁感应定律的内容。**

**答：**当回路中的磁通发生变化时，总要在回路中产生感应电动势，其大小由"电磁感应定律"决定，又称法拉第电磁感应定律：回路中感应电动势的大小和磁通变化的速率（又称磁通变化率，即单位时间内磁通变化的数值）成正比。

**La5C3051　根据电力供应与使用条例和全国供用电规则对于专用线路供电的计量点是怎样规定的？**

**答：**对其计量点的规定如下。

（1）用电计量装置应当安装在供电设施与受电设施的产权分界处；安装在用户处的用电计量装置，由用户负责保护。

（2）若计量装置不在分界处，所在线路损失及变压器有功、无功损耗全由产权所有者负担。

**La5C4052　简述螺旋熔断器（RL1型）的结构。**

**答：**其结构如下。

（1）RL1 型螺旋式熔断器是由瓷螺帽、熔断管和座底三部分组成。

（2）底座上装有接线端子，其两头分别与底座触头和螺纹壳相连。

（3）熔断管由瓷质外套管、熔体和石英砂组成，并有指示熔体断否的指示器，螺帽是瓷质的，前面有玻璃窗口，放入熔断管旋入底座后，使熔断管串入电路中。

**La5C4053** 对电能表的安装场所和位置选择有哪些要求？

答：其要求如下。

（1）电能表的安装应考虑便于监视、维护和现场检验。

（2）电能表室内应安装于距地面 0.8～1.8m 高的范围内。

（3）A、A1 组电能表对环境温度要求在 0～40℃，B、B1组要求在–10～+50℃内。

（4）A、B 组电能表对环境相对湿度要求不大于 95%，A1、B1 组要求不大于 85%。

（5）周围应清洁无灰尘，无霉菌及碱、酸等有害气体。

**La5C4054** 如何选择配电变压器一次侧熔丝容量？

答：变压器一次侧熔丝是作为变压器内部故障保护用的，其容量应按变压器一次额定电流的 1.5～3 倍选择。因考虑熔断的机械强度，一般高压熔丝不应小于 10A。

**La5C4055** 什么叫有功功率？

答：有功功率即在功率一个周期内的平均值。电路中指电阻部分消耗的功率。

**La5C4056** 电压互感器误差有几种？

答：其误差有以下几种。

（1）比差

$$\Delta U = \frac{K_n U_2 - U_1}{U_1} \times 100\%$$

式中　$K_n$——额定变压比；

　　　$U_1$——一次电压值；

　　　$U_2$——二次电压值。

（2）角差：电压互感器二次侧电压 $U_2$ 相量逆时针旋转 180°后与一次侧电压 $U_1$ 相量之间的夹角。

**La5C4057　如何根据电流互感器的额定二次容量计算其能承担的二次阻抗？**

**答**：电流互感器能承担的二次阻抗 $Z_2 = S_{2n}/I_{2n}^2$，式中，$S_{2n}$ 为电流互感器额定二次容量，$I_{2n}$ 为额定二次电流，5A。

**La5C4058　使用电流互感器时应注意什么？**

**答**：使用电流互感器时应注意以下事项。

（1）变比要适当（应保证其在正常运行中的实际负荷电流达到额定值的 60%左右，至少不小于 30%）。实际二次负荷在 25%~100%额定二次负荷范围内，且额定二次负荷的功率因数应为 0.8~1.0，以确保测量准确。

（2）接线时要确保电流互感器一、二次侧极性正确。互感器二次回路的连接导线应采用铜质单芯绝缘线。对电流二次回路，连接导线截面积应按电流互感器的额定二次负荷计算确定，至少应不小于 4mm²。

（3）在运行的电流互感器二次回路上工作时，严禁使其开路；若需更换、校验仪表时，先将其前面的回路短接，严禁用铜丝缠绕和在电流互感器到短路点之间的回路上进行任何工作。

（4）电流互感器二次侧应有一端永久、可靠的接地点，不得断开该接地点。

**La5C4059** 在三相电路中,功率的传输方向随时都可能改变时,应采取一些什么措施,才能达到正确计量各自的电能?

答:三相电路中有功、无功功率输送的方向随时改变时,应采取如下措施。

(1)用一只有功和一只无功三相电能表的电流极性按正接线,用另一只有功和另一只无功三相电能表的电流极性按反接线,四只三相电能表的电压分相并联,四只电能表均应有止逆器,保证阻止表盘反转。

(2)若不用四只三相电能表的联合接线,也可采用一只能计量正向和反向有功、四象限无功电能的多功能电能表。

**La5C5060** 低压架空线路如何计算其电压损失?

答:在低压架空线路上,由于主线截面较小,线间距离小,感抗的作用也小,这时 $\Delta U\%$ 可简化计算,即

$$\Delta U\% = \frac{M}{CS} \times 100\%$$

式中 $M$——负荷矩,kWh,即输送有功功率(kW)和输送距离 $L$(m)的乘积;

$C$——常数,三相四线制:铜线取 14,铝线取 8.3;

$S$——导线的截面积,$mm^2$。

**La5C5061** 使用中的电流互感器二次回路若开路,会产生什么后果?

答:将产生如下后果。

(1)使用中的电流互感器二次回路一旦开路,一次电流全部用于励磁,铁芯磁通密度急剧增加,不仅可能使铁芯过热、烧坏线圈,还会在铁芯中产生剩磁,使电流互感器性能变坏,误差增大。

(2)由于磁通密度急剧增大,使铁芯饱和而致磁通波形平坦,使电流互感器的二次侧产生相当高的电压,对一、二次绕

组绝缘造成破坏、对人身及仪器设备造成极大威胁，其至对电力系统造成破坏。

**La5C5062　电能表配互感器安装有何要求？**

**答**：其安装要求如下。

（1）需量、有功、无功电能表的安装地点应尽量靠近互感器；周围应干燥、清洁、光线充足、便于抄录，并应安装在牢固、振动小的墙或柜上。

（2）要确保工作人员在抄表、校表、轮换时的方便及安全，不会误碰开关。

（3）在电能表至互感器之间的二次导线中应装联合接线盒。

（4）要确保互感器和电能表的接线极性与电流、电压的相位相对应，无功表还应确保是正相序。

**La5C5063　用自然调整法提高功率因数，可采取哪些措施？**

**答**：采取的措施如下。

（1）尽量减小变压器和电动机的浮装容量，减少大马拉小车现象，使变压器、电动机的实际负荷有 75% 以上。

（2）调整负荷，提高设备利用率，减少空载运行的设备。

（3）电动机不是满载运行时，在不影响照明的情况下，适当降低变压器的二次电压。

（4）三角形接法的电动机负荷在 50% 以下时，可改为星形接法。

**La5C5064　简述电流互感器的工作原理。**

**答**：当电流互感器一次绕组接入电路时流过负荷电流 $I_1$，产生与 $I_1$ 相同频率的交变磁通 $\phi_1$，它穿过二次绕组产生感应电动势 $E_2$，由于二次侧为闭合回路，故有电流 $I_2$ 流过，并产生交变磁通 $\phi_2$，$\phi_1$ 和 $\phi_2$ 通过同一闭合铁芯，合成磁通 $\phi_0$。由于 $\phi_0$ 的作用，在电流交换过程中，将一次绕组的能量传递到二次绕组。

**La5C5065　简述电压互感器的工作原理。**

答：当电压互感器一次绕组加上交流电压 $U_1$ 时，绕组中有电流 $I_1$，铁芯内就产生交变磁通 $\phi_0$，$\phi_0$ 与一、二次绕组铰连，则在一、二次绕组中分别感应 $E_1$、$E_2$，由于一、二次绕组匝数不同就有 $E_1 = KE_2$。

**La4C1066　分别说明 JDJ–10、JDZ–10、JSJW–10 型电压互感器各字母和数字的含义？**

答：其各字母和数字的含义如下。

（1）第一个字母"J"电压互感器。

（2）第二个字母"D"为单相，"S"为三相。

（3）第三个字母"J"为油浸式，"Z"为环氧浇注式。

（4）第四个字母"W"为三绕组五柱式。

（5）"–10"为一次电压等级量 10kV。

**La4C1067　分别说明 LQJ–10、LMJ–10、LFC–10、LQG–0.5 型电流互感器各字母和数字的含义？**

答：其各字母和数字的含义如下。

（1）第一个字母"L"为电流互感器。

（2）第二个字母"Q"为线圈式，"M"为母线贯穿式，"F"主复匝式。

（3）第三个字母"J"为树脂浇注，"C"为瓷绝缘，"G"为改进型。

（4）"–10"为一次侧额定电压 10kV，"–0.5"为一次侧额定电压 500V。

**La4C2068　什么叫自感电动势？**

答：根据法拉第电磁感应定律，穿过线圈的磁通发生变化时，在线圈中就会产生感应电动势。这个电动势是由于线圈本身的电流变化而引起的，故称自感电动势。

**La4C2069　负荷计算有几种方法？**

答：负荷计算有三种方法。

（1）需用系数法。

（2）二项式系数法。

（3）单耗法。

**La4C2070　怎样利用需用系数法进行负荷计算？**

答：将电力设备的额定容量加起来，再乘以需用系数，就得出计算负荷，即

$$P=K\Sigma P_n=K_1K_2\Sigma P_n$$

式中　$K$——需用系数；

$K_1$——同时系数；

$K_2$——负荷系数；

$P_n$——额定容量。

**La4C2071　怎样利用二项式系数法进行负荷计算？**

答：将总容量和最大设备容量之和分别乘以不同的系数后相加，即

$$P=cP_{n.max}+b\Sigma P_n$$

式中　$\Sigma P_n$——设备的总额定容量；

$P_{n.max}$——最大一台设备容量；

$c$，$b$——系数。

**La4C2072　怎样利用单耗法进行负荷计算？**

答：用单位耗电量乘以产品总量（或单位面积）或用单位总电量除以该类产品负荷的最大负荷利用小时数，即 $P=P_0S$ 或 $P=W/T_{max}$。

**La4C3073　互感器的使用有哪些好处？**

答：使用互感器有以下益处。

（1）可扩大仪表的量程。

（2）有利于仪表的规范化生产，降低生产成本。

（3）用互感器将高电压与仪表回路隔开，保证仪表回路及工作人员的安全。

**La4C3074　电能表 A、A1 和 B、B1 组中，对使用条件是怎样要求的？**

答：对它们的使用条件有以下要求。

（1）温度：A、A1 组使用环境温度为 0～+40℃；B、B1 组使用环境温度为−10～+50℃。

（2）在 25℃时相对湿度：A、B 组相对湿度为 95%；A1、B1 组相对湿度为 85%。

（3）对霉菌、昆虫、凝露场所：A、B 组的可用；A1、B1 组的不能用。

（4）对盐雾场所：A 组可用；B 组在订货时可提出；A1、B1 组的不能用。

**La4C3075　电能计量装置包括哪些主要设备及附件？**

答：电能计量装置包括的主要设备及附件有：

（1）有功、无功电能表，最大需量、复费率电能表或多功能电能表，失压计时仪。

（2）计量用电压、电流互感器及其二次回路。

（3）专用计量柜和计量箱。

**La4C4076　影响电压互感器误差的因素主要有哪些？**

答：造成电压互感器误差的因素很多，主要的有以下几项。

（1）电压互感器一次侧电压显著波动，使励磁电流发生变化。

(2）电压互感器空载电流增大。

（3）电流频率的变化。

（4）电压互感器二次侧所接仪表，继电器等设备过多或$\cos\varphi$太低使其超过电压互感器二次侧所规定的阻抗。

**Lb5C2077　接户线的防雷措施有哪些？**

**答：**接户线的防雷措施有以下几项。

（1）将接户线入户前的电杆瓷绝缘子脚接地。

（2）安装低压避雷器。

（3）在室内安装电能表常用的低压避雷器保护。

**Lb5C2078　接户线和进户线的装设要考虑哪些原则？**

**答：**接户线和进户线的装设要考虑以下几个原则。

（1）有利于电网的运行。

（2）保证用户安全。

（3）便于维护和检修。

**Lb5C2079　进户线一般有几种形式？**

**答：**进户线一般有以下几种形式。

（1）绝缘线穿瓷管进户。

（2）电缆进户。

（3）加装进户杆、落地杆或短杆。

（4）角铁加绝缘子支持单根导线穿管进户。

**Lb5C2080　简述接户线拉线的检修项目和标准。**

**答：**拉线的检修项目和标准如下。

（1）松弛者应收紧。

（2）锈蚀严重、表面壳剥落及断股者应更换。

**Lb5C2081　低压接户线的档距、导线截面是如何规定的？**

答：其规定如下。

（1）低压接户线的档距：不应大于 25m，沿墙敷设的接户线档距不应大于 6m。

（2）低压接户线的截面：档距 25 米及以下铜线不小于 10mm$^2$，铝线不小于 16mm$^2$。

**Lb5C2082　什么是导线的安全载流量？是根据什么条件规定的？**

答：按题意分述如下。

（1）为了保证导线长时间连续运行所允许的电流密度称安全载流量。

（2）一般规定是铜线选 5～8A/mm$^2$；铝线选 3～5A/mm$^2$。

（3）安全载流量还要根据导线的芯线使用环境的极限温度、冷却条件、敷设条件等综合因素决定。

**Lb5C2083　接户线对地和接户线跨越通车的街道路面中心的最小距离各是多少？**

答：接户线对地和接户线跨越通车的街道路面中心的最小距离分别是：通车困难的街道、人行道为 3.5m，通车街道为 6m。

**Lb5C3084　接户线与广播通信线交叉时，而接户线在上方和下方的最小距离各是多少？**

答：接户线与广播通信线交叉时，接户线在上方和下方的最小距离分别是 0.6m 和 0.3m。

**Lb5C3085　在三相四线制线路中，零线的截面积应怎样取？**

答：一般情况下，在三相四线制线路中，零线截面积不应小于相线截面积的 50%。对于单相线路或有单台容量比较大的单相用电设备线路，零线截面积应和相线的相同。

**Lb5C3086**　对沿墙敷设的接户线有些什么要求？

**答**：对其有如下要求。

（1）沿墙敷设支架间距为 18m 时，选用蝴蝶绝缘子或针式瓷缘子。

（2）导线水平排列时，中性线应靠墙敷设；导线垂直排列时，中性线应敷设在最下方。

（3）线间距离不应小于 150mm。

（4）每一路接户线，线长不超过 60m，支接进户点不多于10 个。

**Lb5C3087**　如何按经济电流密度选择导线截面？

**答**：其选择方法如下。

（1）先初步按下式计算导线的截面

$$S = \frac{P}{\sqrt{3} U_n \cos\varphi J}$$

式中　$P$——线路的输送功率，kW；

　　　$U_n$——线路的额定电压，kV；

　　　$\cos\varphi$——功率因数；

　　　$J$——经济电流密度，A/mm$^2$。

（2）然后再以电压损失、导线发热条件、机械强度及电晕损失等条件进行校验。

**Lb5C3088**　什么是经济电流密度？

**答**：所谓经济电流密度，就是使输电线路导线在运行中，电能损耗、维护费用和建设投资等各方面都是最经济的。根据不同的年最大负荷利用小时数，从而选用不同的材质和每平方毫米通过的安全电流值。

**Lb5C3089**　进户线穿墙时有何要求？

**答**：进户线穿墙时应套保护套管，其管径根据进户线的根数和截面来定，但不应小于 3cm；材质可用瓷管、硬塑料管（壁厚不小于 2mm）和钢管。采用瓷管时应每线一根，以防相间短路或对地短路；采用钢管时，应把进户线都穿入同一管内，以免单线穿管产生涡流发热，钢管应良好接地。为防止进户线在穿套管处磨破，应先套上软塑料管或包绝缘胶布后再穿入套管，也可在钢管两端加护圈。

**Lb5C3090  简述接户线导线的检修项目和标准。**

答：导线的检修项目和标准有以下几项。

（1）绝缘老化、脱皮及导线烧伤、断股者应调换。

（2）弛度过松应收紧。

（3）铜—铝接头解开，检查铜、铝接头是否有无松动现象，若有应进行重新压接。

**Lb5C3091  简述接户线铁横担、支架等金具的检修项目和标准。**

答：接户线铁横担、支架等金具的检修项目和标准如下。

（1）表面锈蚀者，刷净铁锈，涂上一层灰色防锈漆。

（2）锈蚀严重及已烂穿者，应更换。

（3）松动者要重新安装牢固，以移不动为准。

**Lb5C3092  在业扩报装中，装表接电工作有什么重要意义？**

答：其意义如下。

（1）装表接电工作质量、服务质量的好坏直接关系到供用电双方的经济效益。

（2）装表接电工作是业扩报装全过程的终结，是用户实际取得用电权的标志。

（3）装表接电工作是电力销售计量的开始。

**Lb5C3093　什么叫接户线？什么叫进户线？**

**答：**它们的含义分述如下。

（1）由供电公司低压架空线路的电杆或墙铁板线支持物直接接至用户墙外第一支持物间的架空线路部分，称为接户线。

（2）接户线引到用户室内计量电能表（或计量互感器）的一段引线，称为进户线。

**Lb5C3094　如何正确地选择配电变压器的容量？**

**答：**根据用电负荷性质（即功率因数的高低），一般用电负荷应为变压器额定容量的 75%～95% 左右。动力用电还考虑单台大容量电动机的启动和多台用电设备的同时率，以适应电动机起动电流的需要，故应选择较大一些的变压器。若实测负载经常小于变压器额定容量的 50% 时，应换小一些的变压器；若大于变压器额定容量，则应换大一些的变压器。

**Lb5C3095　进户线离地面高于 2.7m，应采用哪种进户方式？**

**答：**进户线离地面高于 2.7m，并且进户管口与接户线的垂直距离在 0.5m 以内，应取用绝缘瓷管进户，这种方式保持了线间距离，可减少故障，比较安全可靠，还可延长使用寿命。

**Lb5C3096　进户线离地面低于 2.7m，应采用哪种进户方式？**

**答：**楼户采用下进户点离地面低于 2.7m 时，应加装进户杆，并采用塑料护套线穿瓷管，绝缘线穿钢管或硬塑料管进户，并支撑在墙上放至接户线处搭头。

**Lb5C3097　在什么情况下应加装进户杆进户？**

**答：**低矮房屋建筑进户点离地面低于 2.7m 时，装进户杆（落地杆或短杆），以塑料护套线穿瓷管，绝缘线穿钢管或硬塑料管进户。若有条件将塑料护套线、钢管或硬塑料管支撑在相邻的房屋高墙上，也可不装进户杆。

**Lb5C4098 进户点离地面高于 2.7m，但为考虑安全起见必须加高的进户线应采取哪种进户方式？**

答：由于原来的接户线里弄（胡同、巷）线已放高或由于通车街道的接户线应在 6m 高处或出于窗口关系，使接户线与进户管口垂直距离在 0.5m 以上时，应采用下列方法将进户线放至接户线搭头处：

（1）塑料护套线穿瓷管进户。

（2）绝缘线穿钢管或硬塑管沿墙敷设。

（3）角铁加装绝缘子支持单根绝缘线穿瓷管进户。

（4）加装进户杆。

**Lb5C4099 进户线截面选择的原则是什么？**

答：进户线截面选择的原则如下。

（1）电灯及电热负荷：导线截面安全载流量不小于所有用电器具的额定电流之和。

（2）只有一台电动机：导线安全载流量不小于电动机的额定电流。

（3）多台电动机：导线安全载流量不小于容量最大的一台电动机的额定电流加其余电动机额定电流的总和乘以需用系数。

**Lb5C5100 如何进行线路相位测定？**

答：定相包括核对相序和核对相位。对于单侧供电的架空线路和两侧电源的单一联络线，只需正相序便可。线路相位测定方法如下：

（1）在电压互感器的二次侧接入相序表，观察相序指示。

（2）开启现有电动机，观察电动机转向加以判断。对环网或并联联络线路，则还需核对相位。

（3）用一只单相电压互感器一次绕组跨接两侧线路任一相，电压互感器二次侧接入电压表或指示灯，当电压表指示值为零时，则判断同相位。

**Lb5C5101 我国现在采用的经济电流密度是如何规定的？**

答：我国现在采用的经济电流密度是按表 C-1 中的规定。

表 C-1　　　　　　　　　经济电流密度表

| 导线材质 | 年最大负荷利用小时数（h） | | |
|---|---|---|---|
| | <3000 | 3000～5000 | >5000 |
| 铜线 | 3.0A | 2.25A | 1.75A |
| 铝线 | 1.65A | 1.15A | 0.9A |

**Lb5C5102 常用的电气设备的接线桩头有几种？接线时要注意些什么？**

答：按题意分述如下。

（1）常用的接线桩头有针孔式和螺丝压接式两种。

（2）接线时要注意：

1）多芯线接入针孔式接线桩时，若孔小线粗，可将线的中间芯线剪去一些，然后重新绞紧插入针孔，旋紧螺丝。

2）若多芯或单芯线较细，针孔较大，可将线头折弯成两根插入针孔，旋紧螺丝。

3）若接线桩头有两个螺丝，则应两个都要旋紧。

4）线头的长短应适当，不要过长而外露，也不要过短而压不紧造成接触不良。

5）多芯线一定要先绞紧后再接线。

6）螺丝压接式的接线时，要将线弯一个完整圆圈后再用螺丝压紧。

7）圆圈的大小要适当，不能太小或太大，弯的方向应是螺丝旋紧的方向。

**Lb5C5103　接户线与广播通信线交叉时,距离达不到要求应采取什么安全措施?**

答：接户线与广播通信线交叉时，距离达不到要求应在接户线或广播通信线上套一段管壁厚不小于 1.2mm、长不小于 2000mm 的软塑料管，两端并用塑料带缠绕固定，还应注意接户线尽量不在档距中间接头，以防接头松动或氧化后发生故障。

**Lb4C1104　什么叫中性点?**

答：在三相电源中，三个绕组的共同连接点称电源的中性点。

**Lb4C1105　什么叫电能表的潜动?**

答：当电能表的电压线圈加入额定电压，而电流线圈中无电流时，电能表仍然在转动，称潜动或空走。

**Lb4C2106　对接户线的铜铝接头有何要求?**

答：接户线的铜铝接头不应承受拉力，应接在弓子线上，导线截面在 $10mm^2$ 以上铜铝接头应用铜铝过渡板连接。

**Lb4C2107　电动机在运行中有哪些功率损耗?**

答：电动机在运行中的功率损耗包括：

（1）定子铜损耗。

（2）铁损耗。

（3）转子铜损耗。

（4）机械损耗。

（5）附加损耗。

**Lb4C2108** 常用的额定电压为交流 500V 及以下的绝缘导线有哪几种？

答：有以下几种。

（1）橡皮绝缘线。

（2）塑料绝缘线。

（3）塑料护套线。

（4）绝缘软线。

（5）橡套和塑料套可移动软线。

**Lb4C2109** 在哪些场所必须使用铜芯线？

答：在以下场所必须使用铜芯线。

（1）易燃、易爆场所。

（2）重要的建筑，重要的资料室、档案室、库房。

（3）人员聚集的公共场所、娱乐场所、舞台照明。

（4）计量等二次回路。

**Lb4C3110** 进户点的选择应注意些什么？

答：应注意以下事项。

（1）进户点应尽量靠近供电线路和用电负荷中心，与邻近房屋的进户点尽可能取得一致。

（2）同一个单位的一个建筑物内部相连通的房屋、多层住宅的每一个单元同一围墙内、同一用户的所有相邻独立的建筑物，应只有一个进户点，特殊情况除外。

（3）进户点的建筑物应牢固不漏水。

（4）进户点的位置应明显易见，便于施工和维修。

**Lb4C3111** 如何利用秒表和电能表测算三相电路的有功功率？

答：有功功率的计算公式是

$$P = \frac{3600 \times N \times K_i \times K_u}{C \times t}$$

式中　$N$——测算选定的圈数（脉冲数），$r$（imp）；

　　　$K_i$——电流变比；

　　　$K_u$——电压变比；

　　　$C$——电能表常数，r/kWh；

　　　$t$——所测时间，s。

### Lb4C3112　铜、铝芯导线各有什么优缺点？

答：它们的优缺点分述如下。

（1）铜芯导线电气性能好、接头不易发热，但价格较贵。

（2）铝芯导线轻而便宜，由于线质软故敷设较方便；但易氧化，铜、铝连接时会产生电化腐蚀，接头易发热。

### Lb4C3113　导线 BX、BV、BLV、BVV 型号中的各字母代表什么含义？

答：这些型号中各字母的含义如下。

（1）第一个字母"B"表示布线。

（2）第二个字母"X"表示橡皮绝缘，"V"表示聚氯乙烯绝缘线。

（3）第三个字母"V"表示塑料护套。

（4）型号中不带"L"字母的为铜芯线，带"L"的为铝导线。

### Lb4C3114　简述电能表潜动产生的原因？

答：其原因如下。

（1）电能表潜动产生的原因主要是轻负荷补偿力矩过大或负补偿。在电压升高使补偿力矩加大，反之也可能使电能表倒转。

（2）若电磁元件不对称，也能造成电能表潜动。

**Lb4C3115　二次回路的作用是什么？**

答：二次回路的作用是通过对一次回路的监视、测量来反应一次回路的工作状态，并控制一次系统。当一次回路发生故障时，继电保护能将故障部分迅速切除，且发信号，保证一次设备安全、可靠、经济、合理地运行。

**Lb4C3116　何谓熔断器的分断能力和保护特性？**

答：按题意分述如下。

（1）熔断器分断能力是指熔断器能切断多大的短路电流。

（2）保护特性是熔断器通过的电流超过熔体额定电流的倍数越大，熔体熔断的时间越短，反之熔断的时间越长。

**Lb4C4117　系统变电站内电能表的二次回路端子排的选用和排列原则是什么？**

答：按题意回答如下。

（1）电流的端子排应选用可断开、可短接和串接的试验端子排。

（2）每一组安装单位应设独立的端子排。

（3）电压的端子应选用可并联的直通端子排。

（4）计量回路的端子排组应用空端子排与其他回路的端子排隔开。

（5）每一个端子均应有对应的安装设备的罗马数字和阿拉伯数字编号。

**Lb4C4118　二次回路标号应按什么原则进行编号？**

答：（1）电流二次回路标号原则：回路号采用三位数字表示，在数字标号前面加上电流文字符号 U、V、W、N（中性线）、L（零线），每台电流互感器每相为一组，可编 9 个回路号。TA 为 U401～U409；1TA 为 U411~U419；2TA 为 U421～U429；直到 U591～U599；V、W、N（中性线）、L（零线）的编号同

U 相一致。

（2）电压二次回路标号原则：回路号采用三位数字表示，在数字标号前面加上电压文字符号 U、V、W、N（中性线）、L（零线），每台电流互感器每相为一组，可编 9 个回路号。TV 为 U601～U609；1TV 为 U611~U619；2TV 为 U621～U629；直到 U791～U799；V、W、N（中性线）、L（零线）的编号同 U 相一致。

### Lb4C4119  低压用户计量方式一般有几种？

答：一般有以下几种。

（1）单相供电的客户装设单相电能计量装置。

（2）三相供电的客户装设三相电能计量装置。

（3）低压供电线路的负荷电流为 50A 以下时，宜采用直接接入式电能表；低压供电线路的负荷电流为 50A 以上时，宜采用经电流互感器接入式的接线方式。

（4）实行分时电价的客户应装设具有分时计量功能的复费率电能表或多功能电能表。

### Lb4C4120  在送电前怎样校对核查电力电缆线的相位？

答：新装电缆竣工交接时或运行中的电力电缆加装接线盒或终端头后，必须检查电缆线的相位。其方法很多，一般较简单、使用较多的是用万用表或兆欧表、电池灯。

（1）先将电缆芯一端的单根接地，用万用表、兆欧表或电池灯查找另一端的相通芯线，两端均做好标记。

（2）再换另一根芯线，用同样方法查找，也做好标记。

（3）全部芯线均核对完后，用黄、绿、红色标在电缆头的引线上。

### Lb4C5121  电力电线长期过载运行，其后果是什么？

答：其后果如下。

（1）导线伸长弧垂增大，引起对地安全距离不合格，风偏角也加大。

（2）导线截面变小或发生断股，使导线拉断力减弱。

（3）接头接触电阻变大，发热甚至烧坏造成断线。

（4）线路电能损耗增大。

**Lb4C5122 绝缘材料有哪些性能指标？**

**答**：有如下性能指标。

（1）绝缘强度。

（2）抗张强度。

（3）比重。

（4）膨胀系数。

**Lb3C2123 简述日光灯的镇流器原理？**

**答**：日光灯镇流器是一个电感量较大的电感线圈，将它串接在日光灯电路时，电路中的电流增大或减少时，在镇流器上就会产生感应电动势阻止电流的变化，因而称"镇流器"。

**Lb2C2124 低压自动空气断路器的选用原则是什么？**

**答**：低压自动空气断路器的选用原则是安全合理、操作简便、维护容易、节约投资。

**Lb2C2125 哪些电气设备需要保护接地？**

**答**：需要保护接地的电气设备有。

（1）变压器、电动机、电器、手握式及移动式电器。

（2）电力设备的传动装置。

（3）配电装置的金属构架，配电柜及保护控制屏的框架。

（4）配电线的金属保护管，开关金属接线盒等。

**Lb2C2126 在线路上产生电压损失的主要因素是什么？**

答：其主要因素如下。

（1）供电线路太长，超出合理的供电半径。

（2）用户用电的功率因数低。

（3）线路导线截面太小。

（4）冲击性负荷，三相不平衡负荷的影响。

**Lb2C3127　异步电动机的启动有哪几种方式？**

答：有以下几种启动方式。

（1）直接启动。

（2）串接电阻或电抗器降压启动。

（3）三角形接线变星形接线启动，启动后再还原成三角形接线。

（4）补偿器启动。

**Lb2C3128　带电检查电能表的接线有哪几种方法？**

答：有以下几种方法。

（1）瓦秒法（实际负荷功率比较法）。

（2）力矩法。

（3）六角图（瓦特表或相位伏安表）法。

**Lb2C3129　互感器二次回路的连接导线应如何选择？**

答：互感器二次回路的连接导线应采用铜质单芯绝缘线，不得采用软铜绞线或铝芯线。对于电流二次回路，连接导线截面积应按电流互感器的额定二次负荷计算确定，至少应不小于 $4mm^2$；对于电压二次回路，连接导线截面积应按允许的电压将计算确定，至少应不小于 $2.5mm^2$。

**Lb2C5130　简述异步电动机的工作原理？**

答：当对称的三相交流电通入对称的定子三相绕组后，产生了一个旋转磁场，旋转磁场的磁力线通过定子和转子铁芯构成磁闭合回路，在转子导体中产生感应电动势，因转子导体是短路或闭合的，便有感应电流，进而产生电磁转矩使转轴转动。

**Lb1C5131　电子式电能表常见故障现象有哪些？**

答：有以下一些故障现象。

（1）不工作，不走字，主要是测量芯片坏、电源坏等。

（2）乱走字，原因是测量芯片、电压电流传感器故障、电源故障。

（3）时段乱，原因是编程错误。

（4）显示故障，原因有显示器连接部分接触不良、显示器、电源坏。

（5）时钟超差，原因有时钟芯片坏、电压欠压。

（6）通信接口故障，原因有接口元器件损坏。

**Lc5C2132　互感器的轮换周期是怎样规定的？**

答：互感器的轮换周期是有如下规定。

（1）高压互感器至少每 10 年轮换一次（可用现场检验代替轮换）。

（2）低压电流互感器至少每 20 年轮换一次。

**Lc4C2133　什么叫变压器的不平衡电流？**

答：由于三相负荷不一样造成三相变压器绕组之间的电流差，称为变压器的不平衡电流。

**Lc4C3134　进户线产权及维护管理是怎样划分的？**

答：按题意作如下回答。

（1）公用低压线路供电的，以供电接户线用户端最后支持物为分界点，支持物属供电企业。

（2）采用电缆供电的，本着便于维护管理的原则，分界点由供电企业与用户协商确定。

（3）供电设施的运行维护管理范围，按产权归属确定。

**Lc4C3135　电力生产与电网运行的原则是什么？**

答：其原则如下。

（1）电网运行应当连续、稳定、保证供电可靠性。

（2）电力生产与电网运行应当遵循安全、优质、经济的原则。

**Lc4C3136　一台三相异步电动机铭牌上标有：额定功率（$P_n$）、额定电压（$U_n$）、额定电流（$I_n$）、额定转速（$n_n$）、额定功率因数的含义是什么？**

答：这些参数的含义分述如下。

（1）额定功率（$P_n$）：在额定运行情况下，电动机轴上输出的机械功率（kW）。

（2）额定电压（$U_n$）：电动机的定子绕组，在运行时允许所加的线电压值（V）。

（3）额定电流（$I_n$）：在额定运行情况下，定子绕组所通过的线电流值（A）。

（4）额定转速（$n_n$）：在额定运行情况下，电动机的转动速度（r/min）；

（5）额定功率因数：在额定运行状态下，定子相电压与相电流之间相位角的余弦值（$\cos\varphi$）。

**Lc3C2137　如何受理用户的移表申请？**

答：有受理用户的移表申请时，应查清移表原因和电源，选择适当的新表位，并考虑用户线路架设应符合安全技术规定等问题；对较大的动力用户，还应注意因移表引起的计量方式和运行方式的变化。

**Lc3C3138　电能计量装置配置的基本原则是什么？**

答：电能计量装置配置的基本原则为：

（1）具有足够的准确度。

（2）具有足够的可靠性。

（3）功能能够适应营业抄表管理的需要。

（4）有可靠的封闭性能和防窃电性能。

（5）装置要便于工作人员现场检查和带电工作。

**Lc3C3139　供电方式分哪几种类型？**

答：供电方式分以下几种类型。

（1）按电压分为高压和低压供电。

（2）按电源数量分为单电源与多电源供电。

（3）按电源相数分为单相与三相供电。

（4）按供电回路分为单回路与多回路供电。

（5）按计量形式分为装表与非装表供电。

（6）按用电期限分临时用电与正式供电。

（7）按管理关系分为直接与间接供电。

**Lc3C5140　何谓 485 接口？**

答：RS—485 接口是美国电子工业协会（EIA）的数据传输标准。它采用串行二进制数据交换的数据终端设备和数据传输设备之间的平衡电压数字接口，简称 485 接口。

**Lc1C2141　电子式电能表通常由哪几部分构成？**

答：电子式电能表通常由以下几部分构成：测量部分、电源部分、显示部分、管理部分、接口部分、外壳及接线端子。

**Lc1C3142　电子式电能表分类方法有哪几类？**

答：通常有以下几类。

（1）按规格分类：单相电子式电能表、三相电子式电能表、经互感器接入电子式电能表、直接接入电子式电能表；

（2）按功能分类：有功电子式电能表、无功电子式电能表、有功复费率电子式电能表、最大需量电子式电能表、多功能电子式电能表；

（3）按原理分类：模拟乘法器电能表、数字乘法器电能表。

**Jd4C3143　使用活络扳手时，要注意些什么？**

答：要注意以下一些事项。

（1）应按螺母大小选用适当大小的扳手。

（2）扳动大螺母时，手应握在手柄尾部。

（3）扳动较小螺母时，手应握在近头部的地方，并用拇指调节蜗轮，收紧活络扳手的扳唇。

（4）活络扳手不可反过来使用。

（5）不得当撬棒或锤子使用。

**Jd3C1144　对电工仪表的保管要求有哪些？**

答：电工仪表应存放在清洁、干净、温度相对稳定的地方。

（1）温度应保持在 10～30℃之间。

（2）相对湿度应不超过 85%。

（3）尘土较少，并不含有酸、碱等腐蚀性气体。

（4）要经常检查、定期送检，防止线圈发霉或零件生锈、保证测量准确。

**Jd3C2145　使用钳型电流表进行测量时，应注意什么？**

答：应注意以下事项。

（1）根据被测电流回路的电压等级选测合适的钳型电流表，操作时要防止构成相间短路。

（2）使用钳型电流表前，先应注意选择合适的测量档位，使其指针正确指示，不能使指针过头或指示过小。

（3）要保持安全距离，不得造成相间短路或接地，烧坏设备或危及人身安全。

（4）测量时铁芯钳口要紧密闭合，被测导线尽量置于孔中心，以减小测量误差。

**Jd3C2146　在带电的低压线路上工作时，应注意什么？**

**答**：在带电的低压线路工作时，分清相线和零线。应选好工作位置，断开导线时，应先断开相线，然后零线；搭接导线时的顺序与上述相反。人体不得同时接触两根导线。

**Jd3C2147　对电工仪表如何进行正常维护？**

**答**：对其应按以下要求进行正常维护。

（1）电工仪表应定期送检，并经常用干布揩拭，保持清洁。

（2）电工仪表在使用时要调至零位。若指针不指零，可调整电位器旋钮或表头零位调整器。

（3）指针不灵活或有故障时，不要拍打或私自拆修，要及时送法定检定单位检修并校验。

（4）使用前，先要选定测量对象（项目）和测量范围的电工仪表。

**Jd3C3148　更换电能表或接线时应注意哪些事项？**

**答**：应注意以下事项。

（1）先将原接线做好标记。

（2）拆线时，先拆电源侧，后拆负荷侧；恢复时，先压接负荷侧，后压接电源侧。

（3）要先做好安全措施，以免造成电压互感器短路或接地、电流互感器二次回路开路。

（4）工作完成应清理、打扫现场，不要将工具或线头遗留在现场，并应再复查一遍所有接线，确保无误后再送电。

（5）送电后，观察电能表运行是否正常。

**Jd3C3149　使用万用表有哪些注意事项？**

**答**：应注意以下事项。

（1）使用万用表首先应选择要测量的项目和大概数值（若不清楚大概数值时，应选择本项的最大量程档，然后再放置近似档测量）。

（2）测量电阻时，应断开被测回路的电源，并将两个测量线短接，调节万用表的零位调节器，使万用表指零后再测量。

（3）读数应注意所测量项目和量程档的相应刻度盘上的刻度标尺及倍率。

（4）测电容器时，必须首先将电容器的存贮电容量放净。

（5）使用完后，应将其转换开关拨至"0"档或交流电压最大档。

**Jd3C3150　何谓绝缘击穿？**

**答**：绝缘材料在电场中，由于极化、泄漏电流或场区局部放电所产生的热损坏等作用，当电场强度超过其承受值时，就会在绝缘材料中形成电流通道而使绝缘破坏，这种现象称绝缘击穿。

**Jd1C1151　吊绳和吊袋的作用是什么？**

**答**：吊绳和吊袋是杆上作业时用来传递零件和工具的用品。吊绳一端应结在工作人员腰带上，另一端垂向地面；吊袋用来盛放小件物品或工具，使用时接在垂向地面的吊绳上，可吊物上杆。严禁上、下抛掷传递工具或物品。

**Je4C5152　电能计量箱的安装有哪些规定？**

**答**：有如下规定。

（1）计费电能表及其附件应装在专用的表箱内。

（2）表板的厚度不小于 20mm，牢固地安装在可靠及干燥的墙上。

（3）一般安装在楼下，沿线长度一般不超过 8m，其环境应干净、明亮，便于装拆、维修和抄表。

（4）表箱下沿离地高度为 1.7～2m，暗式表箱下沿离地应 1.5m 左右，并列安装的电能表中心距离不应小于 20cm。

（5）表箱的门上应装有 8cm 宽的玻璃，便于抄表，并应加锁加封。

（6）在任何情况下中性线不允许装熔断器。

（7）电流互感器二次线必须用绝缘良好的铜芯线，中间不得有接头，不得用铝芯线和软线，最小截面为 $4mm^2$。

**Je3C3153　停电轮换或新装单相电能表时应注意些什么？**

**答**：应注意以下事项。

（1）核对电能表与工作单上所标示的电能表规格、型号是否相符。

（2）要严格按电能表接线端子盒盖反面或接线盒上标明的接线图和标号接线。

（3）接线桩头上的螺丝必须全部旋紧并压紧线和电压连接片。

（4）电能表悬挂倾斜度不大于 1°。

（5）单相电能表的第一进线端钮必须接电源的相线，电源的零线接第二进线端钮，防止偷电漏计。

**Je3C3154　在使用穿芯式电流互感器时，怎样确定电流互感器一次侧的匝数？**

**答**：按以下方法改变。

（1）根据电流互感器原理可知一次侧和二次侧安匝数是相等的，即 $n_1I_1=n_2I_2$。

（2）由于额定二次电流和 $n_2$ 是不变的，因为 $I_1$ 减小一倍，所以 $n_2$ 增加一倍，即穿芯匝数越多，变比越小。

（3）一次侧匝数=$n_2I_2$/所需安培数 $I_1$，一次线穿过电流互感器中间孔的次数，即为电流互感器一次侧的匝数。

**Je3C4155 如何利用直流法测量单相电压互感器的极性？**

**答**：其测量方法如下。

（1）将电池"+"极接单相电压互感器一次侧的"A"，电池"–"极接入其中"X"。

（2）将电压表（直流）"+"极接入单相电压互感器的"a"，"–"接其"x"。

（3）在开关合上或电池接通的一刻直流电压表应正指示，在开关拉开或电池断开的一刻直流电压表应为反指示，则其极性正确。

（4）若电压表指示不明显，则可将电压表和电池接地，电压互感器一、二侧对换，极性不变；但测试时，手不能接触电压互感器的一次侧，并注意电压表的量程。

**Je3C4156 利用直流法如何测量电流互感器的极性？**

**答**：其测量方法如下。

（1）将电池"+"极接在电流互感器一次侧的 L1，电池"–"极接 L2。

（2）将万用表的"+"极接在电流互感器二次侧的 K1，"–"极接 K2。

（3）在开关合上或电池接通的一刻万用表的毫安档指示应从零向正方向偏转，在开关拉开或电池断开的一刻万用表指针反向偏转，则其极性正确。

**Je2C2157 用户在装表接电前必须具备哪些条件？**

**答**：必须具备如下条件。

（1）检查用户内部工程和与其配合的外线工程，均必须竣工并验收合格。

（2）业务费用等均已交齐。

（3）供用电协议已签订。

（4）计量室已配好电能表和互感器。

（5）有装表接电的工作单。

**Je2C4158　带实际负荷检查电能表接线正确与否的步骤是什么？**

答：其步骤如下。

（1）用电压表测量相、线电压是否正确，用电流表测量各相电流值，并判断接线方式。

（2）用相序表测量电压是否为正相序。

（3）用伏安相位表或其他仪器测量各相电流的相位角。

（4）根据测得数据在六角图上画出各电流、电压的相量图。

（5）根据实际负荷的潮流和性质，分析各相电流是否应处在六角图上的区间。

**Je2C5159　怎样用秒表和实际负荷核对有功电能表的准确度？**

答：其核对方法如下。

（1）在已知负荷相对稳定时，用秒表测出表的转速（r/s）。

（2）根据已知负荷计算电能表所测转数应需时间，即

$$T_0 = \frac{3600 \times 1000N}{CP}$$

式中　$N$——电能表测试圈数；

　　　$P$——已知实际有功功率，W；

　　　$C$——电能表常数，r/kWh。

（3）计算电能表的误差，即

$$r\% = \frac{T_0 - T_x}{T_x} \times 100\%$$

式中　$T_0$——应需时间，s；

　　　$T_x$——实测时间，s。

**Je1C4160　为减少电压互感器的二次导线压降应采取哪**

些措施?

答：应采取如下措施。

（1）敷设电能表专用的电压二次回路。

（2）增大导线截面或缩短距离。

（3）减少转接过桥的串接接点。

**Je1C5161** 电能计量装置新装完工后，在送电前检查的内容有哪些?

答：应检查以下内容。

（1）核查电流、电压互感器安装是否牢固，安全距离是否足够，各处螺丝是否旋紧，接触面是否紧密。

（2）核对电流、电压互感器一、二次侧的极性与电能表的进出端钮及相别是否对应。

（3）检查电流、电压互感器的二次侧及外壳是否接地。

（4）检查电能表的桩头螺丝是否全部旋紧、外壳是否接地，线头不得外露。

（5）核对计量倍率、抄录电能表读数及计量器具相关参数在工作单上。

（6）检查电压熔丝端弹簧铜片夹的弹性及接触面是否良好。

（7）检查所有封印是否完好、清晰、无遗漏。

（8）检查工具、物体等，不应遗留在设备上。

**Jf3C2162** "电力安全工作规程"中规定，工作负责人在工作期间若因故离开工作现场，应履行哪些手续?

答：工作期间，工作负责人若因故暂时离开工作现场时，应指定能胜任的人员临时代替，离开前应将工作现场交待清楚，如告知工作班人员；原工作负责人返回工作现场时，也应履行同样的交待手续。若工作负责人必须长时间离开工作的现场，应由原工作票签发人更新工作负责人履行变更手续，并告知全体工作人员及工作许可人。原现工作负责人应做好必要的交接。

**Jf3C2163** 在高压设备上工作为什么要挂接地线？

答：其原因如下。

（1）悬挂接地线是为了放尽高压设备上的剩余电荷。

（2）高压设备工作地点突然来电时，挂接地线可保护工作人员的安全。

**Jf3C2164** 在高压设备上工作时，装拆接地线的程序是如何规定的？

答：其规定如下。

（1）装接地线前，先用验电器验明确实已停电。

（2）装接地线时，先将接地线接好地，再接导体端，并必须接触良好。

（3）拆接地线时，先将导体端的接地线拆除，再拆接地端。

**Jf3C2165** 保证安全的技术措施有哪些？

答：在全部停电或部分停电的电气设备上工作，必须完成下列保证安全的技术措施。

（1）停电。

（2）验电。

（3）装设接地线。

（4）悬挂标示牌和装设遮栏。

**Jf3C2166** 保证安全的组织措施有哪些？

答：在电气设备上工作，保证安全的组织措施如下。

（1）工作票制度。

（2）工作许可制度。

（3）工作监护制度。

（4）工作间断、转移和终结制度。

**Jf3C3167** 发现有人低压触电应如何解救？

答：其解救方法如下。

（1）当发现有人低压触电时，应立即断开近处电源开关（或拔掉电源插头）。

（2）若事故地点离电源开关太远，不能即时断电时，救护人员可用干燥的手套、衣服、木棍等绝缘物体使触电者脱离电源。

（3）若触者因抽筋而紧握电线，则用木柄斧、铲或胶柄等把电线弄断。

**Jf3C3168　发现有人高压触电应如何解救？**

**答**：其解救方法如下。

（1）当发现有人高压触电时，应立即断开电源侧高压断路器或用绝缘操作杆拉开高压跌落熔断器。

（2）若事故地点离断路器太远，则可用金属棒等物，抛掷至高压导电设备上，使其短路后保护装置动作，自动切断电源；但要注意抛掷物要足够粗，并保护自己的安全，防止断线掉下自己触电或被高压短路电弧烧伤。

**Jf2C2169　"电力安全工作规程"中规定工作负责人（监护人）的安全责任是什么？**

**答**：其安全责任如下。

（1）正确安全地组织工作。

（2）结合实际进行安全思想教育。

（3）督促、监护工作人员遵守安全规程。

（4）负责检查工作票所载安全措施是否正确完备和值班人员所做的安全措施是否符合现场实际条件。

（5）工作前对工作人员交待安全事项。

（6）工作人员变动是否合适。

**Jf1C2170　"电力安全工作规程"中规定低压带电作业工作保证安全的措施有哪些？**

**答**：其保证安全的措施如下。

（1）低压带电作业设专人监护，使用有绝缘柄的工具，工作时站在干燥的绝缘物上进行，并戴手套和安全帽，必须穿长袖衣工作，严禁使用锉刀、金属尺和带有金属的毛刷、毛掸等工具。

（2）高低压同杆架设，在低压带电线路上工作时，应先检查与高压线的距离，做好防止误碰带高电压设备的措施。在低压带电导线未采取绝缘措施时，工作人员不得穿越。

（3）上杆前，应先分清火、地线，选好工作位置。断开导线时，应先断开火线，后断开地线。搭接导线时，顺序应相反。人体不得同时接触两根线头。

**Jf1C2171　工作负责人（监护人）在完成工作许可手续后，应怎样履行其职责？**

**答**：完成工作许可手续后，工作负责人（监护人）应履行以下职责。

（1）应向工作班人员交待现场安全措施、带电部位和其他注意事项。

（2）工作负责人（监护人）必须始终在工作现场，对工作班人员的安全认真监护，及时纠正违反安全的动作。

（3）工作负责人（监护人）在全部停电时，可以参加工作班工作；在部分停电时，只有在安全措施可靠、人员集中在一个工作点，不致误碰导电部分的情况下，方能参加工作。

（4）工作负责人应根据现场的安全条件、施工范围、工作需要等具体情况，增设专人监护和批准被监护的人数。专责监护人不得兼做其他工作。

（5）工作期间，工作负责人若因故必须离开工作地点时，应指定能胜任的人员临时代替，离开前应将工作现场交待清楚，并告知工作班人员。原工作负责人返回工作地点时，也应履行同样的交接手续。若工作负责人需要长时间离开现场，应由原工作票签发人变更新工作负责人，两工作负责人应做好必要的交接。

**Jf1C2172　怎样才能做到可靠正确安全停电？**

**答：**可靠正确安全停电应注意以下几点。

（1）将停电工作设备可靠脱离电源，就是正确将有可能给停电设备送电的各方面电源断开。

（2）断开电源至少要有一个明显的断开点，其目的是做到一目了然，也使得停电设备和带电设备之间保持一定的距离。

（3）对线路工作来说，还应将有可能危及该线路停电作业，且不能采取安全措施的交叉跨越、平行和同杆架设线路同时进行停电。

**Jf1C2173　验电的目的是什么？**

**答：**验电的目的是验证停电设备是否安全停电，也是验证停电措施的制定和执行是否正确、完善的重要手段之一，因为很多因素可能导致认为已停电的设备，实际上是带电设备，这是由于：

（1）停电措施不周和由于操作人员失误而未将各方面的电源完全断开或错停设备。

（2）所要进行工作的地点和实际停电范围不符。

（3）设备停电后，可能由于种种原因而造成突然来电。

# 4.1.4  计算题

**La5D2001**  一长为 1m 的铜导线，被均匀拉长至 5m（设体积不变），求电阻是原电阻的几倍？

**解**：已知拉伸前，$L_1$=1m，拉伸后，$L_2$=5m。因为拉伸前、后体积不变，而 $V=SL$，所以长度增加 5 倍，面积必然减少 5 倍，即 $S_1=5S_2$。设原电阻为 $R_1$，拉伸后电阻为 $R_2$，则

$$R_1=\rho\frac{L_1}{S_1}$$

$$R_2=\rho\frac{L_2}{S_2}=\rho\frac{5L_1}{\frac{1}{5}S_1}=25\rho\frac{L_1}{S_1}$$

**答**：导线拉长 5 倍，电阻增长 25 倍。

**La5D3002**  在图 D-1 中，电动势 $E$=8V，内阻 $R_0$=1Ω，$R_1$=2Ω，$R_2$=3Ω，$R_3$=1.8Ω。求：
（1）电流 $I$、$I_1$ 和 $I_2$；（2）电路的路端电压 $U_{ab}$。

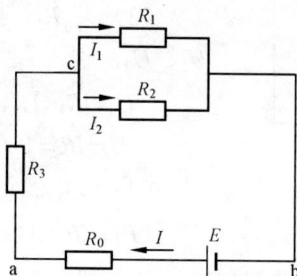

图 D-1

**解**：设外电路总电阻为 $R$，则

$$R=R_3+\frac{R_1R_2}{R_1+R_2}=1.8+\frac{2\times3}{2+3}=3（\Omega）$$

$$I=\frac{E}{R_0+R}=\frac{8}{1+3}=2（A）$$

$$I_1=I\frac{R_2}{R_1+R_2}=2\times\frac{3}{2+3}$$

$$=1.2（A）$$

$$I_2=I-I_1=2-1.2=0.8（A）$$

电路端电压

$$U_{ab}=E-IR_0=8-2\times1=6（V）$$

**答**：电流 $I$ 为 2A，$I_1$ 为 1.2A，$I_2$ 为 0.8A；电压 $U_{ab}$ 为 6V。

**La5D3003** 在如图 D-2 所示电路中，电动势 $E$=100V，内阻 $R_0$=0.5Ω，电阻 $R_1$=4.5Ω，$R_2$=95Ω。求：（1）电路总电流；（2）电阻 $R_1$ 和 $R_2$ 上的电压；（3）电源总功率；（4）负载消耗的功率。

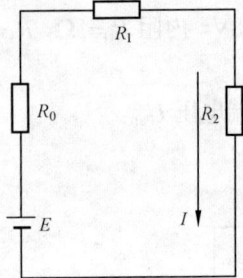

**解**：按题意分别求解。

（1）设电路总电流为 $I$，则

$$I=\frac{E}{R_0+R_1+R_2}=\frac{100}{0.5+4.5+95}=1（A）$$

图 D-2

（2）设 $R_1$、$R_2$ 上的电压分别为 $U_1$、$U_2$，则

$$U_1=IR_1=1\times4.5=4.5（V）$$

$$U_2=IR_2=1\times95=95（V）$$

（3）设电源总功率为 $P_1$，则

$$P_1=EI=100\times1=100（W）$$

（4）设负载消耗的功率为 $P_2$，则

$$P_2=I^2(R_1+R_2)=1\times(4.5+95)=99.5（W）$$

**答**：电路总电流 $I$ 为 1A；电阻 $R_1$、$R_2$ 上的电压 $U_1$ 为 4.5V、$U_2$ 为 95V；电源总功率 $P_1$ 为 100W；负载消耗的功率 $P_2$ 为 99.5W。

**La5D3004**　电阻 $R_1$ 和 $R_2$ 相并联，已知两端电压为 10V，总电流为 5A，两条支路电流之比为 $I_1{:}I_2{=}1{:}2$。求电阻 $R_1$ 和 $R_2$。

**解**：设流过电阻 $R_1$ 的电流为 $I_1$，流过电阻 $R_2$ 的电流为 $I_2$，则有方程式

$$\begin{cases} I_1 + I_2 = 5 \\ I_1 / I_2 = 1/2 \end{cases} \text{解得} \begin{cases} I_1 = 5/3\text{A} \\ I_2 = 10/3\text{A} \end{cases}$$

在并联电路中，端电压相等，即 $I_1R_1{=}I_2R_2{=}U$，则

$$\frac{5}{3}R_1 = \frac{10}{3}R_2 = 10$$

$$R_1 = 6\Omega$$

$$R_2 = 3\Omega$$

**答**：电阻 $R_1$ 为 $6\Omega$，$R_2$ 为 $3\Omega$。

**La5D4005**　图 D-3 所示电路中，$R_1{=}10\Omega$，$R_2{=}20\Omega$，电源的内阻可忽略不计，若使开关 S 闭合后，电流为原电流的 1.5 倍，则电阻 $R_3$ 应选多大？

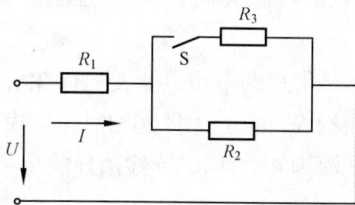

图 D-3

**解**：设开关闭合前的电流为 $I$，则闭合后的电流为 $1.5I$，根据欧姆定律可列如下方程

$$I = \frac{U}{R_1 + R_2} = \frac{U}{10 + 20} = \frac{U}{30}$$

$$1.5I = \frac{U}{R_1 + R_2 /\!/ R_3} = \frac{U}{10 + \dfrac{20R_3}{20 + R_3}}$$

由上列两式可得 $1.5 \times \left(10 + \dfrac{20R_3}{20 + R_3}\right) = 30$，即

$$R_3 = 20\Omega$$

**答**：电阻 $R_3$ 应选 $20\Omega$。

**La5D4006** 有一只量程 $U_1 = 10\text{V}$，内阻 $R_V = 10\text{k}\Omega$ 的 1.0 级电压表，若将其改制成量限为 300V 的电压表，应串联多大的电阻？

**解**：设改制后的电压量限为 $U_2$，电压表电路的总电阻为 $R_2$，则

$$\frac{U_2}{U_1} = \frac{R_2}{R_V}$$

即 $\dfrac{300}{10} = \dfrac{R_2}{100} \Rightarrow R_2 = 300\text{k}\Omega$，则串联电阻 $R$ 为

$$R = R_2 - R_V = 300 - 10 = 290 \ (\text{k}\Omega)$$

**答**：应再串联的电阻 $R$ 阻值为 $290\text{k}\Omega$。

**La5D4007** 某用户的单相电能表配有 TA，TA 二次线单根长 $L = 5\text{m}$，横截面积 $S = 4\text{mm}^2$。求 20℃时，二次线总电阻 $R$ 为多少？若 TA 二次电流为 4A，问二次线消耗的功率为多少？（20℃时 $\rho = 0.0172\Omega \cdot \text{mm}^2/\text{m}$）。

**解**：按题意分别求解。

（1）$R = \rho \dfrac{L}{S} = 0.0172 \times \dfrac{5 \times 2}{4} = 0.043 \ (\Omega)$

（2）$P = I^2 R = 4^2 \times 0.043 = 0.688 \ (\text{W})$。

**答**：二次线电阻为 $0.043\Omega$，消耗功率为 $0.688\text{W}$。

**La4D1008** 某低压三相四线供电平衡负载用户，有功功率 $P$ 为 2kW，工作电流 $I$ 为 5A。试求该用户的功率因数是多少？

**解：** $\cos\varphi = \dfrac{P}{S} = \dfrac{P}{3UI} = \dfrac{2000}{3 \times 220 \times 5}$

**答：** 该户功率因数 $\cos\varphi = 0.606$。

**La4D1009** 有一只 0.2 级 35kV、100/5A 的电流互感器，额定二次负载容量 $S$ 为 30VA。试求该互感器的额定二次负载总阻抗 $Z$ 是多少欧姆？

**解：**
$$I^2Z = S$$
$$5^2Z = 30$$
$$Z = 30 \div 25 = 1.2 \; (\Omega)$$

**答：** 额定二次负载总阻抗是 1.2Ω。

**La4D3010** 如图 D-4 所示，$E=12$V，$R_0=1\Omega$，$R_1=15\Omega$，$R_2=3\Omega$，$R_3=3\Omega$，$R_4=15\Omega$。求电位 $V_A$，$V_B$，$V_D$ 和电压 $U_{AB}$，$U_{CD}$。

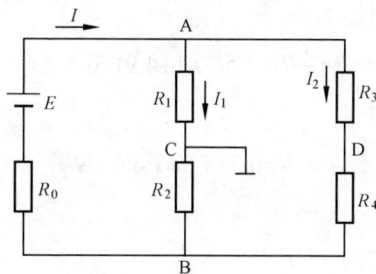

图 D-4

**解：** 设 AB 间的等效电阻为 $R$，则

$$R = \frac{(R_1 + R_2)(R_3 + R_4)}{R_1 + R_2 + R_3 + R_4} = \frac{(15+3)(3+15)}{15+3+3+15} = 9 \; (\Omega)$$

回路电流

$$I = \frac{E}{R_0 + R} = \frac{12}{1+9} = 1.2 \; (A)$$

支路电流

$$I_1=I_2=I/2=0.6A$$

所以

$$V_A=I_1R_1=0.6\times15=9（V）$$

$$V_B=-I_1R_2=-0.6\times3=-1.8（V）$$

$$V_D=I_2R_4-I_2R_3=0.6\times15-0.6\times3=7.2（V）$$

$$U_{AB}=V_A-V_B=10.8（V）$$

$$U_{CD}=V_C-V_D=0-7.2=-7.2（V）$$

**答**：电位 $V_A$ 为 9V，$V_B$ 为-1.8V，$V_D$ 为 7.2V；电压 $U_{AB}$ 为 10.8V，$U_{CD}$ 为-7.2V。

**La4D3011** 有一只电动势 $E$ 为 1.5V、内阻 $r_0$ 为 0.1Ω 的电池，给一个电阻 $R$ 为 4.9Ω 的负载供电。问电池产生的功率 $P_1$、电池输出的功率 $P_2$、电池的效率 $\eta$ 为多少？

**解**：电路电流为

$$I=E/(r_0+R)=1.5/(0.1+4.9)=0.3（A）$$

负载电压为

$$U=IR=0.3\times4.9=1.47（V）$$

所以

电池产生的功率为

$$P_1=EI=1.5\times0.3=0.45（W）$$

电池输出的功率为

$$P_2=UI=1.47\times0.3=0.441（W）$$

电池的效率为

$$\eta=P_2/P_1=(0.441/0.45)\times100\%=98\%$$

**答**：电池产生的功率 $P_1$ 为 0.45W，输出的功率 $P_2$ 为 0.44W，效率为 98%。

**La4D3012** 有一直流电路如图 D-5 所示，图中 $E_1$=10V，$E_2$=8V，ab 支路电阻 $R_1$=5Ω，$R_2$=4Ω，$R$=20Ω。试用支路电流法求电流 $I_1$、$I_2$ 和 $I$。

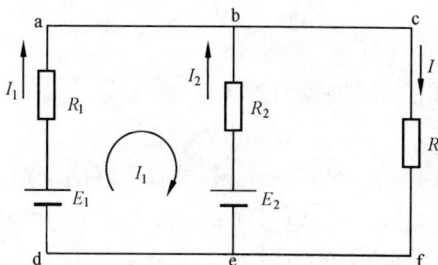

图 D-5

**解**：利用基尔霍夫第一定律可得

$$I_1+I_2-I=0$$

根据基尔霍夫第二定律可列出两个独立的回路电压方程

$$\begin{cases} I_1R_1 - I_2R_2 =E_1 - E_2 \\ I_2R_2 +IR=E_2 \end{cases}$$

$$\begin{cases} 5I_1 - 4I_2 =2 \\ 4I_2 +20I=8 \end{cases}$$

将 $I_1+I_2-I=0$
代入两式可得

$$\begin{cases} I_1=0.4\text{A} \\ I_2=0 \end{cases}$$

则 $I=I_1+I_2=0.4\text{A}$

**答**：电流 $I_1$ 为 0.4A，$I_2$ 为 0，$I$ 为 0.4A。

**La4D3013** 某对称三相电路的负载星形连接时，线电压为 380V，每相负载阻抗 $R$=10Ω，$X_L$=15Ω。求负载的相电流。

**解**：按题意求解

$$U_{ph}=\frac{U_{P-P}}{\sqrt{3}}=\frac{380}{\sqrt{3}}=220\text{（V）}$$

$$Z=\sqrt{R^2+X_L^2}=\sqrt{10^2+15^2}=18\text{（Ω）}$$

$$I_{ph}=\frac{U_{ph}}{Z}=\frac{220}{18}=12.2\text{（A）}$$

**答**：负载的相电流为 12.2A。

**La4D4014** 有一电阻、电感、电容串联的电路，已知 $R=8Ω$，$X_L=10Ω$，$X_C=4Ω$，电源电压 $U=150V$。求电路总电流 $I$，电阻上的电压 $U_R$，电感上的电压 $U_L$，电容上的电压 $U_C$ 及电路消耗的有功功率 $P$。

**解**：按题意求解

$$Z=\sqrt{R^2+(X_L-X_C)^2}=\sqrt{8^2+(10-4)^2}=10\text{（Ω）}$$

$$I=\frac{U}{Z}=\frac{150}{10}=15\text{（A）}$$

$$U_R=IR=15\times8=120\text{（V）}$$

$$U_L=IX_L=15\times10=150\text{（V）}$$

$$U_C=IX_C=15\times4=60\text{（V）}$$

$$P=U_RI=120\times5=1800\text{（W）}=1.8\text{（kW）}$$

**答**：$I$ 为 15A，$U_R$ 为 120V，$U_L$ 为 150V，$U_C$ 为 60V，$P$ 为 1.8kW。

**La4D4015** 试求如图 D-6 所示交流电桥的平衡条件。

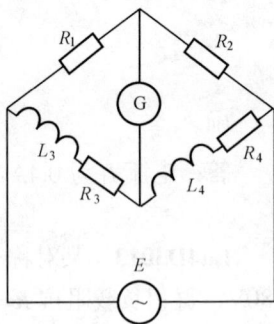

**解**：设电桥的四个复阻抗分别为 $Z_1$、$Z_2$、$Z_3$、$Z_4$，应用电桥平衡条件有：$\dot{Z}_1\dot{Z}_4=\dot{Z}_2\dot{Z}_3$

$$\frac{R_1}{R_2}=\frac{R_3+j\omega L_3}{R_4+j\omega L_4}$$

图 D-6

$$R_1R_4+j\omega L_4R_1=R_2R_3+j\omega L_3R_2$$

在上式成立时，应有

$$R_1R_4=R_2R_3$$
$$R_1\omega L_4=R_2\omega L_3$$

所以应有

$$\frac{R_1}{R_2}=\frac{R_3}{R_4}, \frac{R_1}{R_2}=\frac{L_3}{L_4}$$

即电桥的平衡条件为

$$\frac{R_1}{R_2}=\frac{R_3}{R_4}=\frac{L_3}{L_4}$$

**答**：电桥平衡条件为 $\dfrac{R_1}{R_2}=\dfrac{R_3}{R_4}=\dfrac{L_3}{L_4}$。

**La4D4016** 有一个三相负载，每相的等效电阻 $R=30\Omega$，等效感抗 $X_L=25\Omega$；接线为星形。当把它接到线电压 $U=380$V 的三相电源时，试求负载上的电流 $I$，三相有功功率 $P$ 和功率因数 $\cos\varphi$。

**解**：因为是对称三相电路，所以各相电流均相等，则

$$I=\frac{U/\sqrt{3}}{\sqrt{R^2+X_L^2}}=\frac{380/\sqrt{3}}{\sqrt{30^2+25^2}}=5.618\text{（A）}\approx5.6\text{（A）}$$

相电流等于线电流，且相角差依次为 $120°$。

功率因数为

$$\cos\varphi=\frac{R}{|Z|}=\frac{30}{\sqrt{30^2+25^2}}=0.768\approx0.77$$

三相有功功率为

$$P=\sqrt{3}\,UI\cos\varphi=\sqrt{3}\times380\times5.618\times0.768=2840\text{（W）}$$

**答**：$I$ 为 5.6A，$P$ 为 2840W，$\cos\varphi$ 为 0.77。

**La4D4017** 已知一电感线圈的电感 $L=0.551$H、电阻 $R=$

$100\Omega$，当将它作为负载接到频率为 50Hz 的 220V 电源时，求通过线圈的电流 $I$、负载的功率因数 $\cos\varphi$、负载消耗的有功功率 $P$。

**解**：按题意求解

$$I=\frac{U}{|Z|}=\frac{U}{\sqrt{R^2+(2\pi fL)^2}}$$

$$=\frac{220}{\sqrt{100^2+(2\times3.14\times50\times0.551)^2}}=1.1\text{（A）}$$

负载功率因数

$$\cos\varphi=\frac{R}{|Z|}=\frac{100}{200}=0.5$$

负载消耗的有功功率

$$P=I^2R=1.1^2\times100=121\text{（W）}$$

**答**：$I$ 为 1.1A，$\cos\varphi$ 为 0.5，$P$ 为 121W。

**La3D1018** 某感性负载，在额定电压 $U$=380V，额定功率 $P$=15kW，额定功率因数 $\cos\varphi$=0.4，额定频率 $f$ =50Hz 时，求该感性负载的直流电阻 $R$ 和电感 $L$ 各是多少？

**解**：设负载电流为 $I$，则

$$I=P/U\cos\varphi=15\times10^3/380\times0.4=98.7\text{（A）}$$

设负载阻抗为|$Z$|，则|$Z$|=$U/I$=380/98.7=3.85（$\Omega$）

$$R=|Z|\cos\varphi=3.85\times0.4=1.54\text{（}\Omega\text{）}$$

则

$$X_L=\sqrt{|Z|^2-R^2}=3.53\Omega$$

$$L=X_L/2\pi f=3.53/(2\pi\times50)=0.0112\text{（H）}=11.2\text{（mH）}$$

**答**：$R$ 为 1.54$\Omega$，$L$ 为 11.2mH。

**La3D2019** 一个 2.4H 电感器，在多大频率时具有 1500$\Omega$ 的感抗？一个 2$\mu$F 的电容器，在多大频率时具有 2000$\Omega$ 的容抗？

**解**：感抗 $X_L=\omega L=2\pi fL$，所以，感抗为 1500$\Omega$ 时的频率 $f_1$ 为

$f_1 = X_L/2\pi L = 1500/(2\times3.14\times2.4) = 99.5$（Hz）

容抗 $X_C = 1/\omega C = 1/2\pi fC$，所以，容抗为 2000Ω时的频率 $f_2$ 为

$f_2 = 1/2\pi X_C C = 1/(2\times3.14\times2000\times2\times10^{-6}) = 39.8$（Hz）

**答**：$f_1$ 为 99.5Hz，$f_2$ 为 39.8Hz。

**La3D3020**　电阻 $R_1 = 1000Ω$，误差为 2Ω；电阻 $R_2 = 1500Ω$，误差为 $-1Ω$。当将二者串联使用时，求合成电阻的误差 $\Delta R$ 和电阻实际值 $R$。

**解**：合成电阻的计算式为

$$R = R_1 + R_2$$

误差为

$$\Delta R = \Delta R_1 + \Delta R_2 = 2 - 1 = 1Ω$$

所以　合成电阻的实际值为

$$R = R_1 + R_2 - \Delta R = 1000 + 1500 - 1 = 2499（Ω）$$

**答**：合成电阻的误差 $\Delta R$ 为 1Ω，$R$ 为 2499Ω。

**La3D3021**　有一个三相三角形接线的负载，每相均由电阻 $R = 10Ω$、感抗 $X_L = 8Ω$ 组成，电源的线电压是 380V。求相电流 $I_{ph}$，线电流 $I_{p\text{-}p}$，功率因数 $\cos\varphi$ 和有功功率 $P$。

**解**：设每相的阻抗为 |Z|，则

$$|Z| = \sqrt{R^2 + X_L^2} = \sqrt{10^2 + 8^2} = 12.8（Ω）$$

因为　$U_{ph} = U_{p\text{-}p}$，则相电流

$$I_{ph} = \frac{U_{ph}}{|Z|} = \frac{380}{12.8} = 29.7（A）$$

线电流

$$I_{p\text{-}p} = \sqrt{3}\, I_{ph} = \sqrt{3}\times29.7 = 51.4（A）$$

功率因数

$$\cos\varphi = \frac{R}{|Z|} = \frac{10}{12.8} = 0.78$$

*141*

三相有功功率

$$P=3U_{ph}I_{ph}\cos\varphi=3\times380\times29.7\times0.78=26.4（kW）$$

答：$I_{ph}$ 为 29.7A，$I_{p-p}$ 为 51.4A，$\cos\varphi$ 为 0.78，$P$ 为 26.4kW。

**La3D3022** 如图 D-7 所示，已知 $R=5\Omega$，开关 S 断开时，电源端电压 $U_{ab}=1.6V$；开关 S 闭合后，电源端电压 $U_{ab}=1.50V$。求该电源的内阻 $r_0$。

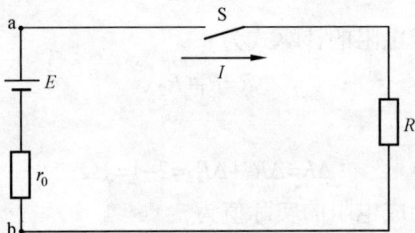

图 D-7

**解**：由题可知，开关断开时的电压 $U_{ab}$ 即为该电源电动势。开关接通后，电路电流为

$$I=E/(R+r_0)=1.6/(5+r_0)$$

由题意可知 $I=U_{ab}/R=1.5/5=0.3A$，代入上式可知

$$\frac{1.6}{5+r_0}=0.3，得$$

$$r_0=0.33\Omega$$

答：$r_0$ 为 0.33$\Omega$。

**La3D4023** 电容器 $C_1=1\mu F$、$C_2=2\mu F$，相串联后接到 1200V 电压上。求每个电容器上的电压各为多少？

**解**：两只电容器串联后的等效电容为

$$C=\frac{C_1C_2}{C_1+C_2}=\frac{2}{3}\times10^{-6}（F）$$

因为电容器串联时，$C_1$、$C_2$ 上的电荷相等，即

$$U_1C_1=U_2C_2=UC$$

则得

$$U_1=UC/C_1=1200\times\frac{2}{3}\times10^{-6}/1\times10^{-6}=800\text{（V）}$$

$$U_2=UC/C_2=1200\times\frac{2}{3}\times10^{-6}/2\times10^{-6}=400\text{（V）}$$

答：$C_1$、$C_2$ 上的电压 $U_1$、$U_2$ 分别为 800V、400V。

**La3D4024** 电容器 $C_1$=200μF，工作电压为 500V；$C_2$=300μF，工作电压为 900V。如将两个电容器串联后接到 1kV 电路上，问能否正常工作？

解：设电容器 $C_1$ 上的电压为 $U_1$，$C_2$ 上的电压为 $U_2$。两电容器串联，极板上的电荷相等，即

$$U_1C_1=U_2C_2 \tag{1}$$

而

$$U_1+U_2=1000 \tag{2}$$

由（1）式和（2）式可得

$U_1$=600V，$U_2$=400V。可见，电容器 $C_1$ 将超过工作电压而被击穿，当 $C_1$ 被击穿后全部电压加在 $C_2$ 上，$C_2$ 也可能被击穿。

答：该电路不能正常工作。

**La3D5025** 如图 D-8 所示，已知 $E_1$=6V，$E_2$=3V，$R_1$=10Ω，$R_2$=20Ω，$R_3$=400Ω。求 b 点电位 $V_b$ 及 a、b 点间的电压 $U_{ab}$。

解：这是个 $E_1$、$E_2$、$R_1$ 和 $R_2$ 相串联的简单回路（$R_3$ 中无电流流过），回路电流为 $I$，则

$$I=\frac{E_1+E_2}{R_1+R_2}=\frac{6+3}{10+20}=0.3\text{（A）}$$

$$V_a=IR_2+(-E_2)=0.3\times20-3=3\text{（V）}$$

$$V_b=V_a=3V$$

$$U_{ab}=0V$$

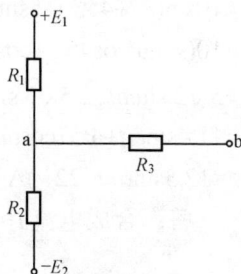

图 D-8

143

答：$V_b$ 为 3V，$U_{ab}$ 为 0V。

**La3D5026** 有一个 20μF 的电容器，充电到 1000V 后，再使它与一个未充电的 5μF 的电容器相并联。试求总电容的电位差 $U_2$ 和具有的能量 $W_C$。

**解：** 已知 $U_1$=1000V，$C_1$=20μF，$C_2$=5μF，电容 $C_1$ 所带电荷为 $Q$，则

$$Q = U_1 C_1 = 20 \times 10^{-6} \times 1000 = 2 \times 10^{-2}（C）$$

电容器并联后的等效电容为

$$C = C_1 + C_2 = 25μF$$

因为总电荷 $Q$ 没变，电容增加，导致电位差下降，即

$$U_2 = Q/C = 2 \times 10^{-2}/25 \times 10^{-6} = 800V$$

能量为 $W_C = \dfrac{1}{2}QU_2 = \dfrac{1}{2} \times 2 \times 10^{-2} \times 800 = 8（J）$

**答：** $U_2$ 为 800V，$W_C$ 为 8J。

**La3D5027** 已知两正弦交流电流分别是

$$i_1 = 10\sin(\omega t + 45°)A$$
$$i_1 = 5\sin(\omega t - 30°)A$$

求合成电流。

**解：** 合成电流为

$i = i_1 + i_2$

$= 10\sin(\omega t + 45°) + 5\sin(\omega t - 30°)$

$= 10(\sin\omega t\cos45° + \cos\omega t\sin45°) + 5(\sin\omega t\cos30° - \cos\omega t\sin30°)$

$= 5\sqrt{2}\sin\omega t + 2.5\sqrt{3}\sin\omega t + 5\sqrt{2}\cos\omega t - 2.5\cos\omega t$

$= 11.4\sin\omega t + 4.57\cos\omega t$

$\approx 12.3\sin(\omega t + 22°)A$

**答：** 合成电流 $i \approx 12.3\sin(\omega t + 22°)$ A。

**La3D5028** 已知某串联电路的电压分别是

$$u_1=100\sin\omega t$$
$$u_2=80\sin(\omega t+30°)$$
$$u_3=50\sin(\omega t-30°)$$

试求合成电压。

**解**：合成电压的电阻电压、电抗电压分别为

$u_x=u_{1x}+u_{2x}+u_{3x}$

$\quad=u_1+u_2\cos30°+u_3\cos30°=100+80\times\dfrac{\sqrt{3}}{2}+50\times\dfrac{\sqrt{3}}{2}$

$\quad=212.58V$

$u_y=u_{1y}+u_{2y}+u_{3y}=0+u_2\sin30°-(u_3\sin30°)$

$\quad=0+80\times\dfrac{1}{2}-50\times\dfrac{1}{2}=15V$

合成电压幅值为

$$u=\sqrt{u_x^2+u_y^2}=\sqrt{212.6^2+15^2}=213V$$

$$\theta=\text{arctg}\,\frac{u_y}{u_x}=4°$$

则合成电压为

$$u=213\sin(\omega t+4°)V$$

**答**：合成电压 $u=213\sin(\omega t+4°)V$。

**La2D1029** 有一个 RCL 串联电路，电阻 $R=289\Omega$，电容 $C=6.37\mu F$，电感 $L=3.18H$。当将它们作为负载接电压为 100V、频率为 50Hz 的交流电源时，求电流 $I$、负载功率因数 $\cos\varphi$、负载消耗的有功功率 $P$ 和无功功率 $Q$。

**解**：按题意求解如下。

（1）$X_L=2\pi fL=2\times3.14\times50\times3.18=999$（$\Omega$）

$$X_C=\frac{1}{2\pi fC}=\frac{1}{2\times3.14\times50\times6.37\times10^{-6}}=500\text{（}\Omega\text{）}$$

$$|Z|=\sqrt{R^2+(X_L-X_C)^2}=\sqrt{289^2+(999-500)^2}$$

$$=577（\Omega）$$

所以

$$I=\frac{U}{|Z|}=\frac{100}{577}=0.173（A）$$

（2）$\cos\varphi=\frac{R}{|Z|}=\frac{289}{577}=0.501$

（3）$P=I^2R=0.173^2\times289=8.65（W）$

$$Q=I^2(X_L-X_C)=0.173^2\times(999-500)=14.9（var）$$

**答**：$I$ 为 0.173A，$\cos\varphi$ 为 0.501，$P$ 为 8.65W，$Q$ 为 14.9var。

**La2D2030** 试利用如图 D-9 所示的桥式电路，求电感 $L$ 值。（◎为检零计，$R_1$ 及 $R_2$ 为无感电阻，$L$ 及电容 $C$ 无损耗。）

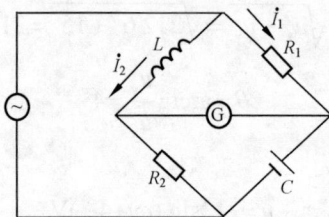

图 D-9

**解**：因电桥平衡，G 中无电流流过，因此流过 $R_1$ 及 $C$ 中的电流相等，流过 $R_2$ 及 $L$ 中的电流相等，即

$$\begin{cases}\dot{I}_1R_1=\dot{I}_2j\omega L\\\dot{I}_1\dfrac{1}{j\omega C}=\dot{I}_2R_2\end{cases}$$

联合求解得

$$\frac{\dot{I}_1R_1}{\dot{I}_1\dfrac{1}{j\omega C}}=\frac{\dot{I}_2j\omega L}{\dot{I}_2R_2}\qquad j\omega CR_1=\frac{j\omega L}{R_2}$$

所以

$$L=R_1R_2C$$

**答**：电感 $L$ 值为 $R_1R_2C$。

**La2D2031** 在如图 D-10 所示的交流电路中，施加电压 $\dot{E}_1$=100V，$\dot{E}_2$=j200V。求流过各支路的电流。

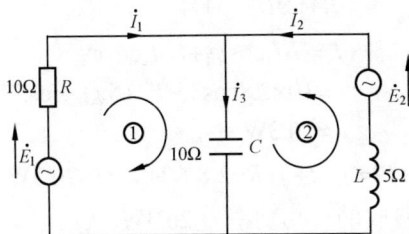

图 D-10

**解**：根据基尔霍夫第一定律：

$$\dot{I}_1+\dot{I}_2-\dot{I}_3=0 \tag{1}$$

根据基尔霍夫第二定律，在回路①中有

$$10\dot{I}_1-j10\dot{I}_3=100 \tag{2}$$

在回路②中有

$$-j10\dot{I}_3+j5\dot{I}_2=j200 \tag{3}$$

联合（1），（2），（3）式可求出

$$\dot{I}_1=-15-j25\,A$$

$$\dot{I}_2=-10+j50\,A$$

$$\dot{I}_3=-25+j25\,A$$

**答**：$\dot{I}_1$ 为 $-15-j25\,A$，$\dot{I}_2$ 为 $-10+j50\,A$，$\dot{I}_3$ 为 $-25+j25\,A$。

**La2D3032** 已知 $RL$ 串联电路中的 $R$=3Ω，$L$=2H，其端电压为

$$U=10\sqrt{2}\sin t+5\sqrt{2}\sin 2t\ V$$

求电路吸收的有功功率。

147

**解**：按题意求解

$$\dot{I}_1 = \frac{\dot{U}_1}{R+j\omega L} = \frac{10\angle 0°}{3+j2} = 2.8\angle -33.7° \text{ A}$$

$$\dot{I}_2 = \frac{\dot{U}_2}{R+j\omega L} = \frac{5\angle 0°}{3+j4} = 1\angle -53° \text{ A}$$

$$P = U_1 I_1 \cos\varphi_1 + U_2 I_2 \cos\varphi_2$$
$$= 10\times 2.8\cos 33.7° + 5\times 1\times \cos 53°$$
$$= 26.3\text{W}$$

或　$P=P_1+P_2=I_1^2 R + I_2^2 R = 2.8^2\times 3 + 1^2\times 3 = 26.5\text{W}$

**答**：电路吸收的有功功率为 26.3W。

**La2D5033**　如图 D-11 所示，$E_1$ 和 $E_2$ 是理想电压源，$E_1=10\text{V}$，$E_2=20\text{V}$；$I_S$ 是理想电流源，$I_S=5\text{A}$；$R_1=2\Omega$，$R_2=100\Omega$，$R=80\Omega$。求负载电流 $I$。

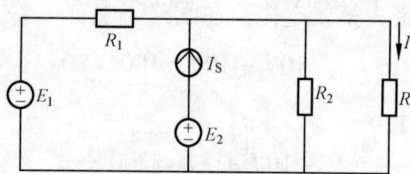

图 D-11

**解**：因为理想电流源的内阻是无穷大，所以，当其与理想电压源相串联时，理想电压源对外电路的作用可忽略，图 D-11 可用等效图 D-12 表示，有

$$I_{S1}=E_1/R_1=10/2=5 \text{（A）}$$

$$I'_S=I_{S1}+I_S=5+5=10 \text{（A）}$$

$$R'=R_1 // R_2 = 1.96\Omega$$

所以

$$I = I'_S \frac{R'}{R+R'} = \frac{10\times 1.96}{1.96+80} = 0.24 \text{（A）}$$

**答**：$I$ 为 0.24A。

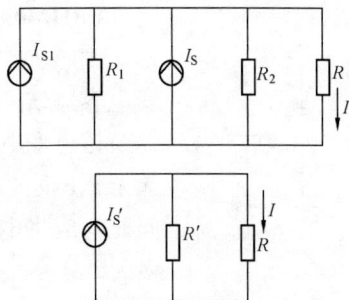

图 D-12

**La2D5034** 在如图 D-13 所示的平衡电桥中，试证明电源的频率与电阻 $R_3$ 成正比。

**解**：由电桥平衡条件 $Z_1Z_4=Z_2Z_3$ 有

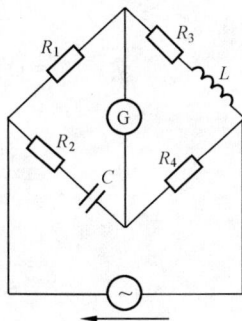

图 D-13

$$R_1R_4=\left(R_2-j\frac{1}{\omega C}\right)(R_3+j\omega L)$$

$$=R_2R_3+\frac{L}{C}+j\left(\omega LR_2-\frac{R_3}{\omega C}\right)$$

要使该式成立，左边和右边的实部应相等，而且右边的虚部应为零，即

$$\begin{cases} R_1R_4=R_2R_3+\dfrac{L}{C} \\ \omega LR_2-R_3/\omega C=0 \end{cases}$$

则有

$$R_1R_4=R_3\frac{R_3}{\omega^2 LC}+\frac{L}{C}$$

$$R_3^2=\omega^2 L(R_1R_4C-L)$$

所以

$$R_3=\omega\sqrt{L(R_1R_4C-L)}$$

$$=2\pi f\sqrt{L(R_1R_4C-L)}$$

**答**：由 $R_3$ 式可知，电源频率 $f$ 与电阻 $R_3$ 成正比。

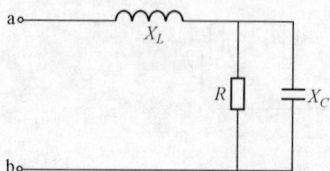

图 D-14

**La1D4035** 如图 D-14 所示，由感抗 $X_L$，电阻 $R$ 及可变电容器 $X_C$ 构成的电路，要调节该可变电容器的电抗，使端子 a、b 间的功率因数为 1.0，问此时应将电阻 $R$ 值限制在多大？

**解**：假定 a、b 间的总阻抗为 $Z$，则

$$Z = \mathrm{j}X_L + \frac{-\mathrm{j}RX_C}{R - \mathrm{j}X_C}$$

$$= \mathrm{j}X_L - \frac{\mathrm{j}RX_C(R + \mathrm{j}X_C)}{R^2 + X_C^2}$$

$$= \frac{\mathrm{j}X_L(R^2 + X_C^2) - \mathrm{j}RX_C(R + \mathrm{j}X_C)}{R^2 + X_C^2}$$

$$= \frac{RX_C^2}{R^2 + X_C^2} + \mathrm{j}\frac{X_L X_C^2 - R^2 X_C + R^2 X_L}{R^2 + X_C^2}$$

要使功率因数为 1.0，则 Z 的虚部应为 0，即

$$X_L X_C^2 - R^2 X_C + R^2 X_L = 0$$

即

$$X_C = \frac{R^2 \pm \sqrt{R^4 - 4R^2 X_L^2}}{2X_L}$$

因 $X_C$ 必须为实数，且大于 0，则

$$R^4 \geqslant 4R^2 X_L^2$$

即

$$R \geqslant 2X_L$$

**答**：$R$ 应大于或等于 $2X_L$。

**La1D4036** 将某电感线圈接入 200V 直流电压时，线圈消耗的功率是 500W；当将它接于电压为 220V、频率为 50Hz 的交流电路时，线圈消耗的功率是 400W。求该线圈的电阻 $R$ 和

电感 $L$。

**解**：设在直流电路中功率为 $P_1$，电压为 $U_1$，则 $P_1 = U_1^2 / R$，所以，线圈的直流电阻 $R$ 为

$$R = U_1^2 / P_1 = 200^2 / 500 = 80（\Omega）$$

设在交流电路中，功率为 $P_2$，电流为 $I_2$，则

$$P_2 = I_2^2 R$$

$$I_2 = \sqrt{P_2 / R} = \sqrt{400 / 80} = 2.24（A）$$

$$|Z| = U_2 / I_2 = 220 / 2.24 = 98.4（\Omega）$$

$$X_L = \sqrt{|Z|^2 - R^2} = \sqrt{98.4^2 - 80^2} = 57.3（\Omega）$$

$$L = X_L / 2\pi f = \frac{57.3}{2 \times 3.14 \times 50} = 0.182（H）$$

**答**：$R$ 为 $80\Omega$，$L$ 为 $0.182H$。

**La1D5037** 一个平行板空气电容器，容量 $C$ 是 1000pF，每一极板上的电荷只 1μC。问① 两极板间的电位差 $U$ 有多大？② 如果维持电荷不变，仅将其板间距离加大一倍，这时两极板间的电位差 $U'$ 是多少？

**解**：按题意要求解如下。

① 两极板间的电压为

$$U = Q/C = 1 \times 10^{-6} / 1000 \times 10^{-12} = 1（kV）$$

② 因为平行板电容器的电容与极板间的距离成反比，所以 $C' = C/2 = 500pF$，此时两极板间的电位差为

$$U' = Q/C' = 1 \times 10^{-6} / (500 \times 10^{-12}) = 2（kV）$$

**答**：$U$ 为 1kV，$U'$ 为 2kV。

**Lb5D1038** 某型号单相电能表测得，$K = 0.5Wh/r$，求该表每千瓦时为多少转？

**解**：由 $C = \dfrac{1}{K}$，得

$$C=1000/0.5=2000r/kWh$$

答：该表每千瓦时为 2000 转，即 2000r/kWh。

**Lb5D1039**　某一单相电能表铭牌上标明 $C=1200r/kWh$，求该表转一转应是多少瓦时？

**解**：由 $K=\dfrac{1}{C}$，得

得 $K=1000/1200=0.833Wh/r$

**答**：该表转一转应是 0.833 瓦时，即 0.833Wh/r。

**Lb5D2040**　某居民用户安装的是一只单相 220V、5（20）A 的电能表。试求该用户同时使用的电器功率和为多少？若只接照明负载，可接 80W 电灯几盏？

**解**：所能同时使用的电器功率和为
$$P=220×20=4400（W）$$
能接 80W 电灯盏数为
$$n=\frac{4400}{80}=55 盏$$

**答**：功率和 $P$ 为 4400W，可接 55 盏电灯。

**Lb5D3041**　测量实际值为 100V 的电压时，A 电压表的指示值为 105V，B 电压表的指示值为 99V；测量实际值为 200V 的电压时，C 电压表的指示值为 199.5V。试分别求 A、B、C 三块表的绝对误差和相对误差。

**解**：按题意求解，有
$$\Delta A_A=105-100=5（V）$$
$$r_A=\frac{5}{100}×100\%=+5\%$$
$$\Delta A_B=99-100=-1（V）$$
$$r_B=\frac{-1}{100}×100\%=-1\%$$

$$\Delta A_C=199.5-200=-0.5 \text{（V）}$$

$$r_C=\frac{-0.5}{200}\times100\%=-0.25\%$$

**答**：$\Delta A_A$ 为 5V，$r_A$ 为+5%；$\Delta A_B$ 为 1V，$r_B$ 为−1%；$\Delta A_C$ 为 0.5V，$r_C$ 为−0.25%。

**Lb5D4042** 在同一条件下，测得某段线路电压值分别为 220.1V，220.5V，220.7V，220.4V，220.6V。求测量值（平均值）$m$ 和标准偏差 $s$。

**解**：按题意求解，则

$$m=\frac{1}{5}(220.1+220.5+220.7+220.4+220.6)=220.5 \text{（V）}$$

$$s = \sqrt{\sum_1^n (x_i - \bar{x})^2 /(5-1)} \approx 0.23 \text{（V）}$$

**答**：$m$ 为 220.5V，$s$ 为 0.23（V）。

**Lb4D1043** 某工厂有功负荷 $P$=600kW，功率因数 $\cos\varphi$=0.8，10kV 供电，高压计量。求需配置多大的电流互感器？

**解**：按题意有

$$P=\sqrt{3}\,UI\cos\varphi$$

$$I=\frac{P}{\sqrt{3}U\cos\varphi}=\frac{600}{\sqrt{3}\times10\times0.8}=43.3 \text{（A）}$$

按 DL/T—448 规程规定，应配 $I'=\dfrac{I}{60\%}=72.2$ （A）

**答**：配置 75/5A 的电流互感器。

**Lb4D2044** 某一工厂低压计算负荷为 170kW，平均功率因数为 0.83。求计算电流 $I$，并确定电流互感器的变比。

**解**：按题意有

$$I=\frac{170}{\sqrt{3}\times380\cos\varphi}=\frac{170000}{\sqrt{3}\times380\times0.83}=311.2 \text{（A）}$$

按 DL/T—448 规程规定，应配 $I' = \dfrac{311.2}{60\%} = 518$（A）

配 500/5 电流互感器。

**答：**$I$ 为 311.2A，变比为 500/5。

**Lb4D2045**  有一电流互感器，铭牌标明穿 2 匝时变比为 150/5。试求将该电流互感器变比改为 100/5 时，一次侧应穿多少匝？

**解：**按题意有

$$I_1N_1 = I_2N_2$$

$$N_2 = \frac{150 \times 2}{100} = 3 \text{ 匝}$$

**答：**变比改为 100/5 时，一次侧应穿 3 匝。

**Lb4D2046**  某高压用户，TV 为 10kV/0.1kV，TA 为 50A/5A，有功表常数为 2500r/kWh，现实测有功表 6r 需 30s。试计算该用户有功功率。

**解：**按题意有

$$P = \frac{6 \times 3600}{2500 \times 30} \times \frac{10}{0.1} \times \frac{50}{5} = 288 \text{（kW）}$$

**答：**该用户此时有功功率为 288kW。

**Lb4D2047**  某三相低压平衡负荷用户，安装的三相四线电能表 U 相失压，W 相低压 TA 开路，TA 变比均为 500/5。若抄回表码为 200（电能表起码为 0），试求应追补的电量 $\Delta W$。

**解：**U 相电压失压，W 相 TA 开路，表示 U 组、W 组元件力矩为 0，只有 V 相力矩工作。故三相计量表上有一相工作，二相未工作，因此应追补的电量是已抄收电量的 2 倍，即应追补的电量

$$\Delta W = 200 \times \frac{500}{5} \times 2 = 40000 \text{（kWh）}$$

**答：**$\Delta W$ 为 40000kWh。

**Lb4D2048** 有一只单相电能表，常数 $C=2500\text{r/kWh}$，运行中测得每转的时间是 4s，求该表所接的负载功率 $P$ 是多少？

**解**：按题意有

$$P=\frac{3600\times1000\times1}{2500\times4}=360\ (\text{W})$$

**答**：该表所接的负载功率为 360W。

**Lb4D3049** 已知三相三线有功表接线错误，其 U 相接线形式为 $\dot U_{\text{WU}}$，$-\dot I_{\text{U}}$，W 相为 $\dot U_{\text{VW}}$，$-\dot I_{\text{W}}$，请写出两元件的功率 $P_{\text{U}}$、$P_{\text{W}}$ 表达式和总功率 $P_{\text{inc}}$ 表达式，并计算出更正系数 $K$。（三相负载平衡，且正确接线时的功率表达式为 $P=\sqrt3\,U_{\text{p-p}}I_{\text{p-p}}\cos\varphi$）

**解**：按题意有

$$P_{\text{U}}=U_{\text{WU}}(-I_{\text{U}})\cos(30°-\varphi)$$
$$P_{\text{W}}=U_{\text{VU}}(-I_{\text{W}})\cos(90°-\varphi)$$

在对称的三相电路中：$U_{\text{WU}}=U_{\text{VU}}=U_{\text{p-p}}$，$I_{\text{U}}=I_{\text{W}}=I_{\text{p-p}}$，则

$$P_{\text{inc}}=P_{\text{U}}+P_{\text{W}}=U_{\text{p-p}}I_{\text{p-p}}[\cos(30°-\varphi)+\cos(90°-\varphi)]$$
$$=\frac{1}{2}U_{\text{p-p}}I_{\text{p-p}}(\sqrt3\cos\varphi+3\sin\varphi)$$

更正系数

$$K=\frac{P_{\text{cor}}}{P_{\text{inc}}}=\frac{\sqrt3 U_{\text{p-p}}I_{\text{p-p}}\cos\varphi}{\frac{1}{2}U_{\text{p-p}}I_{\text{p-p}}(\sqrt3\cos\varphi+3\sin\varphi)}=\frac{2}{1+\sqrt3\tan\varphi}$$

**答**：$P_{\text{U}}=U_{\text{WU}}(-I_{\text{U}})\cos(30°-\varphi)$，$P_{\text{W}}=U_{\text{VU}}(-I_{\text{C}})\cos(90°-\varphi)$，$P_{\text{inc}}=\frac{1}{2}U_{\text{p-p}}I_{\text{p-p}}(\sqrt3\cos\varphi+3\sin\varphi)$，$K=\frac{2}{1+\sqrt3\tan\varphi}$。

**Lb4D3050** 已知三相三线有功表接线错误，其接线形式为：U 相元件 $\dot U_{\text{VW}}$，$-\dot I_{\text{W}}$，W 相元件 $\dot U_{\text{UW}}$，$\dot I_{\text{U}}$，请写出两元件的功率 $P_{\text{U}}$、$P_{\text{W}}$ 表达式和总功率 $P_{\text{inc}}$ 表达式，并计算出更正系数 $K$。（三相负载平衡，且正确接线时的功率表达式为

$P_{cor} = \sqrt{3}U_{p-p}I_{p-p}\cos\varphi$ ）

**解**：按题意有

$$P_U=U_{VW}(-I_W)\cos(30°-\varphi)$$

$$P_W=U_{UW}I_U\cos(30°-\varphi)$$

在对称的三相电路中：$U_{VW}=U_{UW}=U_{p-p},I_U=I_W=I_{p-p}$，则

$$P_{inc}=P_U+P_W=U_{p-p}I_{p-p}[\cos(30°-\varphi)+\cos(30°-\varphi)]$$

$$=2U_{p-p}I_{p-p}\cos(30°-\varphi)$$

$$=U_{p-p}I_{p-p}(\sqrt{3}\cos\varphi+3\sin\varphi)$$

更正系数

$$K=\frac{P_{cor}}{P_{inc}}=\frac{\sqrt{3}U_{p-p}I_{p-p}\cos\varphi}{U_{p-p}I_{p-p}(\sqrt{3}\cos\varphi+3\sin\varphi)}=\frac{\sqrt{3}}{\sqrt{3}+\tan\varphi}$$

**答**：$P_U=U_{VW}(-I_W)\cos(30°-\varphi)$，$P_W=U_{UW}I_U\cos(30°-\varphi)$，

$P_{inc}=2U_{p-p}I_{p-p}(\cos30°-\varphi)$，$K=\dfrac{\sqrt{3}}{\sqrt{3}+\tan\varphi}$。

**Lb4D4051** 今校验某厂三相三线有功电能表,测得接入第一元件有功功率为 65W，接入第二元件有功功率为 138W，三相电压、电流平衡,分别 99.5V, 1.5A。试计算该厂功率因数 $\cos\varphi$。

**解**：按题意有

$$\cos\varphi=(P_1+P_2)/\sqrt{3}UI=(65+138)/(\sqrt{3}\times99.5\times1.65)=0.714$$

**答**：$\cos\varphi$ 为 0.714。

**Lb3D1052** 一居民用户电能表常数为 3000r/kWh,测试负荷为 100W,电能表 1r 时应该是多少时间？如果测得转一圈的时间为 11s,误差应是多少？

**解**：$100t=\dfrac{1000\times3600°\times1}{3000}$

$$t=(1000\times3600\times1)/(100\times3000)=12（s）$$

$$r=(12-11)/11\times100\%=9.1\%$$

**答**：电表 1r 时需 12s，如测得 1r 的时间为 11s，实际误差 9.1%。

**Lb3D3053** 已知二次回路所接的测量仪表的总容量为 10VA，二次导线的总长度为 100m，截面积为 4mm²，二次回路的接触电阻按 0.05Ω 计算，应选择多大容量的二次额定电流为 5A 的电流互感器？（铜线的电阻率 $\rho$ =0.018Ω·mm²/m）

**解**：按题意需先求二次回路实际负载的大小

$$S_2=10+\left(0.05+\frac{100\times0.018}{4}\right)\times5^2=22.5 \text{（VA）}$$

**答**：应选择额定二次容量为 22.5VA 的电流互感器。

**Lb3D3054** 某三相高压电力用户，其三相负荷对称，在对其三相三线计量装置进行校试后，W 相电流短路片未打开，该户 TA 采用 V 形接线，其 TV 变比为 10kV/100V，TA 变比为 50A/5A，故障运行期间有功电能表走了 20 个字。试求应追补的电量 $\Delta W$（故障期间平均功率因素为 0.88）。

**解**：故障为 W 相电流短路片未打开，则只有 U 组元件工作，更正率 $\varepsilon$ 为

$$\varepsilon=\frac{\sqrt{3}UI\times0.88}{UI\cos(30°+\varphi)}-1=\frac{\sqrt{3}UI\times0.88}{UI\cos(30°+\arccos0.88)}-1$$
$$=1.905$$

$$\Delta W=20\times\frac{10}{0.1}\times\frac{50}{5}\times1.905=38107 \text{（kWh）}$$

**答**：$\Delta W$ 为 38107kWh。

**Lb3D3055** 某三相低压动力用户安装的是三相四线计量表，应配置变比为 400/5 的计量 TA，可装表人员误将 U 相 TA 安装成 800/5，若已抄回的电量为 20 万 kWh，试计算应追补的

电量 $\Delta W$。

**解**：设正确情况下每相的电量为 $X$，则

$$X+X+\frac{1}{2}X=20$$

$$X=\frac{20}{2.5}=8 \text{ 万 kWh}$$

因此应追补的电量为

$$\Delta W=3\times 8-20=4 \text{ 万 kWh}$$

**答**：$\Delta W$ 为 4 万 kWh。

**Lb3D4056** 某三相四线低压用户，原电流互感器变比为 300/5（穿 2 匝），在 TA 更换时误将 W 相的变比换成 200/5，而计算电量时仍然全部按 300/5 计算。若故障期间电能表走字为 800 字，试计算应退补的电量 $\Delta W'$。

**解**：原 TA 为 300/5，现 W 相 TA 为 200/5，即 W 相二次电流扩大了 1.5 倍。故更正率

$$\varepsilon=\frac{3UI\cos\varphi}{2UI\cos\varphi+1.5UI\cos\varphi}-1=-0.143$$

更正率为负说明应退还用户电量，按题意应退电量

$$\Delta W'=800\times\frac{300}{5}\times 0.143=6864 \text{（kWh）}$$

**答**：应退补的电量 $\Delta W'$ 为 6864kWh。

**Lb3D4057** 某三相低压用户，安装的是三相四线有功电能表，计量 TA 变比为 200/5，装表时计量人员误将 U 相 TA 极性接反，故障期间抄见表码为 150kWh，表码启码为 0，试求应追补的电量 $\Delta W$（故障期间平均功率因数为 0.85）。

**解**：按题意求解，更正率 $\varepsilon$ 为

$$\varepsilon=\frac{3UI\cos\varphi}{2UI\cos\varphi+UI\cos(180°+\varphi)}-1$$

$$= \frac{3UI \times 0.85}{2UI \times 0.85 - UI \times 0.85} - 1 = 2$$

应追补的电量 $\Delta W$ 为

$$\Delta W = 150 \times \frac{200}{5} \times 2 = 150 \times 40 \times 2 = 12000 \ (\text{kWh})$$

**答**：应追补的电量 $\Delta W$ 为 12000kWh。

**Lb3D4058**　某用户在无功补偿投入前的功率因数为 0.75，当投于无功功率 $Q$=100kvar 的补偿电容器后的功率因数为 0.95。若投入前后负荷不变，试求其有功负荷 $P$。

**解**：按题意求解，有

$$Q = P(\tan\varphi_1 - \tan\varphi_2)$$

故　$P = \dfrac{Q}{\tan\varphi_1 - \tan\varphi_2} = \dfrac{100}{0.882 - 0.329} = \dfrac{100}{0.553} = 180.8 \ (\text{kW})$

**答**：$P$ 为 180.8kW。

**Lb3D4059**　某用户有功负荷为 300kW，功率因数为 0.8，试求装多少千乏无功功率 $Q$ 的电容器能将功率因素提高到 0.96？

**解**：补偿前的无功总量 $Q_1$ 为

$Q_1 = P\tan\varphi_1 = P\tan(\arccos 0.8) = 300 \times 0.75 = 225 \ (\text{kvar})$

补偿后的无功总量 $Q_2$ 为

$Q_2 = P\tan\varphi_2 = P\tan(\arccos 0.96) = 300 \times 0.29 = 87 \ (\text{kvar})$

故应装的补偿电容器无功功率 $Q$ 为

$$Q = Q_1 - Q_2 = 225 - 87 = 138 \ (\text{kvar})$$

**答**：应装 $Q$ 为 138kvar 的补偿电容器。

**Lb2D1060**　有一只三相四线有功电能表，V 相电流互感器反接达一年之久，累计电量 $W$=2000kWh。求差错电量 $\Delta W_1$（假定三相负载平衡且正确接线时的功率 $P_{cor}=3U_{p-p}I_{p-p}\cos\varphi$）。

**解：** 由题意可知，V 相电流互感器极性接反的功率表达式

$$P_{inc}=U_UI_U\cos\varphi+U_V(-I_V)\cos\varphi_V+U_WI_W\cos\varphi_W$$

三相负载平衡：$U_U=U_V=U_W=U_{p-p}$，$I_U=I_V=I_W=I_{p-p}$，$\varphi_U=\varphi_V=\varphi_W=\varphi$，则

$$P_{inc}=U_{p-p}I_{p-p}\cos\varphi$$

正确接线时的功率表达式为

$$P_{cor}=3U_{p-p}I_{p-p}\cos\varphi$$

更正系数

$$K=\frac{P_{cor}}{P_{inc}}=\frac{3U_{p-p}I_{p-p}\cos\varphi}{U_{p-p}I_{p-p}\cos\varphi}=3$$

差错电量

$$\Delta W_1=(K-1)W=(3-1)\times2000=4000（kWh）$$

**答：** 应补收差错电量 $\Delta W$ 为 4000kWh。

**Lb2D3061** 检定一台额定电压为 110kV 的电压互感器(二次电压为 110V)，检定时的环境温度为 20℃，其二次负荷为 10VA，功率因数为 1，计算应配负荷电阻的阻值范围。

**解：** 先求应配电阻的额定值 $R_n$ 为

$$R_n=\frac{U^2}{S_n\cos\varphi}=\frac{110^2}{10\times1}=1210（\Omega）$$

求 $R_n$ 的允许范围

$$R_{nmax}=R_n\times(1+3\%)=1246.3\Omega$$
$$R_{nmin}=R_n\times(1-3\%)=1173.7\Omega$$

故　　　　　　$1173.7\Omega\leqslant R_n\leqslant1246.3\Omega$

**答：** $1173.7\Omega\leqslant R_n\leqslant1246.3\Omega$。

**Lb2D4062** 已知三相三线有功功率表接线错误,其接线形式为：U 相元件 $\dot{U}_{VW}$，$\dot{I}_U$，W 相元件 $\dot{U}_{UW}$，$-\dot{I}_W$，请写出两

160

元件功率 $P_U$、$P_W$ 表达式和总功率 $P_{inc}$ 表达式，并计算出更正系数 $K$（三相负载平衡且正确接线时的功率表达式 $P_{cor}=\sqrt{3}\,U_{p-p}I_{p-p}\cos\varphi$）。

**解：** 按题意有

$$P_U=U_{VW}I_U\cos(90°-\varphi)$$

$$P_W=U_{VW}(-I_W)\cos(30°+\varphi)$$

在对称三相电路中，$U_{VW}=U_{VW}=U_{p-p}$　$I_U=I_W=I_{p-p}$，则

$$P_{inc}=U_{p-p}I_{p-p}[\cos(90°-\varphi)+\cos(30°+\varphi)]$$

$$=U_{p-p}I_{p-p}\left(\frac{\sqrt{3}}{2}\cos\varphi+\frac{1}{2}\sin\varphi\right)$$

更正系数

$$K=\frac{P_{cor}}{P_{inc}}=\frac{\sqrt{3}U_{p-p}I_{p-p}\cos\varphi}{U_{p-p}I_{p-p}\left(\dfrac{\sqrt{3}}{2}\cos\varphi+\dfrac{1}{2}\sin\varphi\right)}=\frac{2\sqrt{3}}{\sqrt{3}+\tan\varphi}$$

**答：** $P_U=U_{VW}I_U\cos(90°-\varphi)$，$P_W=U_{UW}(-I_W)\cos(30°+\varphi)$，$P_{inc}=U_{p-p}I_{p-p}\cos(30°-\varphi)$，$K=\dfrac{2\sqrt{3}}{\sqrt{3}+\tan\varphi}$。

**Lb2D4063**　已知三相三线有功电能表接线错误，其接线方式为：U 相元件 $\dot{U}_{WU}$，$\dot{I}_U$，W 相元件 $\dot{U}_{VU}$，$\dot{I}_W$，请写出两元件功率 $P_U$、$P_W$ 表达式和总功率 $P_{inc}$ 表达式，并计算出更正系数 $K$（三相负载平衡）。

**解：** 按题意有

$$P_U=U_{WU}I_U\cos(150°+\varphi)$$

$$P_W=U_{VU}I_W\cos(90°+\varphi)$$

在对称三相电路中：$U_{WU}=U_{VU}=U_{p-p}$　$I_U=I_W=I_{p-p}$，则

$$P_{inc}=P_U+P_W=U_{p-p}I_{p-p}\left[\cos(150°+\varphi)+\cos(90°+\varphi)\right]$$

$$=-\frac{1}{2}U_{p-p}I_{p-p}(\sqrt{3}\cos\varphi+3\sin\varphi)$$

更正系数

$$K = \frac{P_{cor}}{P_{inc}} = \frac{\sqrt{3}U_{p-p}I_{p-p}\cos\varphi}{-\frac{1}{2}U_{p-p}I_{p-p}(\sqrt{3}\cos\varphi + 3\sin\varphi)}$$

$$= \frac{-2}{1+\sqrt{3}\tan\varphi}$$

答：$P_U = U_{WU}I_U\cos(150° + \varphi)$，$P_W = U_{VU}I_W\cos(90° + \varphi)$，$P_{inc} = -\sqrt{3}U_{p-p}I_{p-p}\cos(60° - \varphi)$，$K = \dfrac{-2}{1+\sqrt{3}\tan\varphi}$。

**Lb2D4064** 已知三相三线有功电能表接线错误，其接线形式为 U 相元件 $\dot{U}_{WU}$，$-\dot{I}_W$，W 相元件 $\dot{U}_{VU}$，$-\dot{I}_U$，请写出两元件功率 $P_U$、$P_W$ 表达式和总功率 $P_{inc}$ 表达式，并计算出更正系数 $K$（三相负载平衡且正确接线时的功率表达式 $P_{cor} = \sqrt{3}U_{p-p}I_{p-p}\cos\varphi$）。

**解：** 按题意有

$$P_U = U_{WU}(-I_W)\cos(150° - \varphi)$$
$$P_W = U_{VU}(-I_U)\cos(30° + \varphi)$$

在对称三相电路中：$U_{WU} = U_{VU} = U_{p-p}$，$I_U = I_W = I_{p-p}$，则

$$P_{inc} = P_U + P_W = U_{p-p}I_{p-p}[\cos(150° - \varphi) + \cos(30° + \varphi)] = 0$$

更正系数

$$K = \frac{P_{cor}}{P_{inc}}$$

因分母为"0"，无意义。不能得出更正系数，此时应根据正常接线时的用电量与客户协商电量补收。

答：$P_U = U_{WU}(-I_W)\cos(150° - \varphi)$，$P_W = U_{VU}(-I_U)\cos(30° + \varphi)$，$P_{inc} = 0$，$K$ 值无意义。不能得出更正系数，此时应根据正常接线时的用电量与客户协商电量补收。

**Lb2D4065** 已知三相三线电能表接线错误，其接线形式

为，U 相元件 $\dot{U}_{\mathrm{UV}}$，$-\dot{I}_{\mathrm{w}}$，W 相元件 $\dot{U}_{\mathrm{WV}}$，$\dot{I}_{\mathrm{U}}$，请写出两元件的功率 $P_{\mathrm{U}}$、$P_{\mathrm{W}}$ 表达式和总功率 $P_{\mathrm{inc}}$ 表达式，并计算出更正系数 $K$。（三相负载平衡，且正确接线时的功率表达式 $P_{\mathrm{cor}}=\sqrt{3}\,U_{\mathrm{p-p}}\,I_{\mathrm{p-p}}\cos\varphi$）

**解**：按题意有

$$P_{\mathrm{U}}=U_{\mathrm{UV}}(-I_{\mathrm{W}})\cos(90°+\varphi)$$

$$P_{\mathrm{W}}=U_{\mathrm{WV}}I_{\mathrm{U}}\cos(90°+\varphi)$$

在三相对称电路中：$U_{\mathrm{UV}}=U_{\mathrm{WV}}=U_{\mathrm{p-p}}$，$I_{\mathrm{U}}=I_{\mathrm{W}}=I_{\mathrm{p-p}}$，则

$$P_{\mathrm{inc}}=P_{\mathrm{U}}+P_{\mathrm{W}}=U_{\mathrm{p-p}}I_{\mathrm{p-p}}\left[\cos(90°+\varphi)+\cos(90°+\varphi)\right]$$

$$=-2U_{\mathrm{p-p}}I_{\mathrm{p-p}}\sin\varphi$$

更正系数

$$K=\frac{P_{\mathrm{cor}}}{P_{\mathrm{inc}}}=\frac{\sqrt{3}U_{\mathrm{p-p}}I_{\mathrm{p-p}}\cos\varphi}{-2U_{\mathrm{p-p}}I_{\mathrm{p-p}}\sin\varphi}=\frac{-\sqrt{3}}{2\tan\varphi}$$

**答**：$P_{\mathrm{U}}=U_{\mathrm{UV}}(-I_{\mathrm{W}})\cos(90°+\varphi)$，$P_{\mathrm{W}}=U_{\mathrm{WV}}I_{\mathrm{U}}\cos(90°+\varphi)$，$P_{\mathrm{inc}}=-2U_{\mathrm{p-p}}I_{\mathrm{p-p}}\sin\varphi$，$K=-\sqrt{3}/2\tan\varphi$。

**Lb2D5066** 现场检验发现一用户的错误接线属 $P=\sqrt{3}\,UI\cos(60°-\varphi)$，已运行两月共收了 8500kWh 电费，负载的平均功率因数角 $\varphi=35°$，电能表的相对误差 $r=3.6\%$。试计算两个月应追退的电量 $\Delta W$。

**解**：求更正系数

$$K=\frac{P_{\mathrm{cor}}}{P_{\mathrm{inc}}}=\frac{\sqrt{3}UI\cos\varphi}{\sqrt{3}UI\cos(60°-\varphi)}=\frac{2}{1+\sqrt{3}\tan\varphi}$$

$$=\frac{2}{1+\sqrt{3}\tan 35°}=0.904$$

应追退的电量为

$$\Delta W=[0.904\times(1-3.6\%)-1]\times8500=-1093\;(\mathrm{kWh})$$

**答**：两个月应退给用户电量 1093kWh。

**Lb1D1067** 某电能表因接线错误而反转,查明其错误接线属 $P_{inc}=-\sqrt{3}\,UI\cos\varphi$,电能表的误差 $r=-4.0\%$,电能表的示值由 10020kWh 变为 9600kWh,改正接线运行到月底抄表,电能表示值为 9800kWh。试计算此表自上次计数到抄表期间实际消耗的电量 $W_r$(三相负载平衡,且正确接线时的功率表达式 $P_{cor}=\sqrt{3}\,U_{p-p}I_{p-p}\cos\varphi$)。

**解**:按题意求更正系数

$$K=\frac{P_{cor}}{P_{inc}}=\frac{\sqrt{3}UI\cos\varphi}{-\sqrt{3}UI\cos\varphi}=-1$$

误接线期间表计电量

$$W=9600-10020=-420（kWh）$$

误接线期间实际消耗电量($r=-4\%$)

$$W_0=WK(1-r\%)$$
$$=(-420)\times(-1)\times(1+0.04)$$
$$=437（kWh）$$

改正接线后实际消耗电量

$$W_0'=9800-9600=200（kWh）$$

自装上次计数到抄表期间实际消耗的电量

$$W_r=W_0+W_0'=437+200=637（kWh）$$

**答**:$W_r$ 为 637kWh。

**Lb1D3068** 某厂一块三相三线有功电能表,原抄读数为 3000kWh,第二个月抄读数为 1000kWh,电流互感器变比为 100/5,电压互感器变比为 6000/100,经检查错误接线的功率表达式为 $P_{inc}=-2UI\cos(30°+\varphi)$,平均功率因数为 0.9。求实际电量 $W_r$(且三相负载平衡,正确接线时功率的表达式 $P_{cor}=\sqrt{3}\,U_{p-p}I_{p-p}\cos\varphi$)。

**解**:错误接线电能表反映的功率为

$$P_{inc}=-2UI\cos(30°+\varphi)$$

更正系数

$$K=\frac{P_{\text{cor}}}{P_{\text{inc}}}=\frac{\sqrt{3}UI\cos\varphi}{-2UI\cos(30°+\varphi)}=\frac{-\sqrt{3}}{\sqrt{3}-\tan\varphi}$$

因为 $\cos\varphi=0.9$，所以 $\tan\varphi=0.484$，则

$$K=\frac{-\sqrt{3}}{\sqrt{3}-0.484}=-1.388$$

实际电量

$$W_{\text{r}}=KW_{\text{r}}'=-1.388(1000-3000)\times\frac{100}{5}\times\frac{6000}{100}=333.1\,\text{万 kWh}$$

**答**：$W_{\text{r}}$ 为 333.1 万 kWh。


**Lb1D4069**　一台单相 10kV/100V、0.5 级的电压互感器，二次侧所接的负载为 $W_{\text{b}}=25\text{VA}$，$\cos\varphi_{\text{b}}=0.4$，每根二次连接导线的电阻为 $0.8\Omega$。试计算二次回路的电压降的比值差 $f$ 和相位差 $\delta$。

**解**：因为 $r\ll Z_{\text{b}}$，所以可以认为

$$I=\frac{W_{\text{b}}}{U_2}=\frac{25}{100}=0.25\,（\text{A}）$$

$$f=\frac{-2r\cos\varphi_{\text{b}}}{U_2}\times100\%=\frac{-2\times0.8\times0.25\times0.4}{100}\times100\%$$

$$=-0.16\%$$

$$\delta=\frac{2r\sin\varphi_{\text{b}}}{U_2}\times\frac{360\times60}{2\pi}=\frac{2\times0.8\times0.25\times0.92}{100}\times3438'$$

$$=12.6'$$

**答**：$f$ 为 $-0.16\%$，$\delta$ 为 $12.6'$。


**Lb1D5070**　三相三线电能表接入 380/220V 三相四线制照明电路，各相负载分别为 $P_{\text{U}}=4\text{kW}$、$P_{\text{V}}=2\text{kW}$、$P_{\text{W}}=4\text{kW}$，该表记录了 6000kWh。推导出三相三线表接入三相四线制电路的附

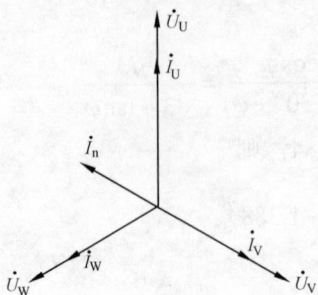

图 D-15

加误差 $r$ 的公式,并求出 $r$ 值及补退的电量 $\Delta W$。

**解**:计量功率为

$$P = U_{UV}I_U \cos 30° + U_{WV}I_W \cos 30°$$

$$= \sqrt{3}U_U I_U \frac{\sqrt{3}}{2} + \sqrt{3}U_W I_W \frac{\sqrt{3}}{2}$$

$$= 1.5(P_U + P_W)$$

附加误差为

$$\gamma = \frac{1.5(P_U + P_W) - (P_U + P_V + P_W)}{P_U + P_V + P_W} \times 100\%$$

$$= \frac{1.5(4+4) - (4+2+4)}{4+2+4} \times 100\%$$

$$= 20\%$$

因为多计,故应退电量

$$\Delta W = 6000 \times \left( \frac{1}{1+20\%} - 1 \right) = -1000 \text{kWh}$$

**答**:$r$=20%,应退电量 $\Delta W$ 为 1000kWh。

**Lc2D3071** 某条线路长度为 20km,导线是 LJ–70 型,电压 $U_n$ 为 10kV。当输送有功功率 $P$ 为 400kW、无功功率 $Q$ 为 300kvar 时,求线路电压损失 $\Delta U$ 和电压损失百分数 $\Delta U\%$(查手册,$R$=9.2$\Omega$,$X$=0.35$\Omega$/km×20=7$\Omega$)。

**解**:按题意有

$$\Delta U = \frac{PR + QX}{U_n}$$

$$\Delta U = \frac{400 \times 9.2 + 300 \times 7}{10} = 578 \text{V}$$

$$\Delta U\% = \frac{578}{U_n \times 1000} \times 100\%$$

$$\Delta U\% = \frac{578}{10000} \times 100\% = 5.78\%$$

**答**：线路电压损失为 578V，电压损失百分数为 5.78%。

**Lc2D4072**　某两元件三相三线有功电能表第一组元件的相对误差为 $r_1$，第二组元件相对误差为 $r_2$，求该电能表的整组相对误差 $r$ 公式。

**解**：先计算该有功电能表整组绝对误差值

$$\Delta = UI \left[ r_1\cos(30° + \varphi) + r_2\cos(30° - \varphi) \right]$$

$$= UI \left[ \frac{\sqrt{3}}{2}\cos\varphi(r_1 + r_2) + \frac{1}{2}\sin\varphi(r_2 - r_1) \right]$$

再求整组相对误差 $r$ 为

$$r = \frac{\Delta}{\sqrt{3}UI\cos\varphi} = \frac{UI\left[\dfrac{\sqrt{3}}{2}\cos\varphi(r_1 + r_2) + \dfrac{1}{2}\sin\varphi(r_2 - r_1)\right]}{\sqrt{3}UI\cos\varphi}$$

$$= \frac{1}{2}(r_1 + r_2) + \frac{\sqrt{3}}{6}(r_2 - r_1)\tan\varphi$$

**答**：$r = \dfrac{1}{2}(r_1 + r_2) + \dfrac{\sqrt{3}}{6}(r_2 - r_1)\tan\varphi$。

**Lc2D5073**　被检电能表为 2.0 级电子式单相电能表，220V，5（20）A，$C_L = 900\text{imp/kWh}$。用固定低频脉冲数测量时间的方法检定，在满负载点，$\cos\varphi = 1.0$，被检表输出 50 个低频脉冲时，两次测得所需时间分别为 46.12s 和 45.84s，试求该点误差。

**解**：两次测量的时间平均值为

$$t = \frac{46.12 + 45.84}{2} = 45.98（\text{s}）$$

算定时间为

$$t' = \frac{3.6 \times 10^6 \times N}{C_L P} = \frac{3.6 \times 10^6 \times 50}{900 \times 220 \times 20 \times 1.0} = 45.45（\text{s}）$$

该点误差为

$$\gamma = \frac{t' - t}{t} \times 100\% = \frac{45.45 - 45.98}{45.98} \times 100\% = -1.152\%$$

**答**：该点误差为-1.152%。

**Jd5D3074** 用甲电流表测量电流时，测量结果为100mA，测量误差为1mA；用乙电流表测量另一个电流，测量结果为10A，测量误差为10mA。问哪块电流表测量结果更准确些？

**解**：比较两块电流表的相对误差，甲表相对误差为$\frac{1}{100}$，

乙表相对误差为$\frac{10}{10000}$。

∵ $\frac{1}{100} > \frac{10}{10000}$，乙电流表的相对误差要小。

∴乙电流表测量结果更准确。

**答**：乙电流表测量结果更准确。

**Jd5D5075** 用一只上量限为5A的0.5级电流表，在温度为30℃的条件下测量电流，测得读数为1A。求测量结果的最大可能相对误差$r$是多少？

**解**：0.5级的上量限为5A的合格电流表，在（20±2）℃的条件下最大可能误差（绝对误差）为5×0.005=±0.025A，如果温度上升10℃，附加温度误差也容许其最大可能误差为±0.025A，所以，最大可能相对误差为

$$r=(0.025×2)/1=±5\%$$

**答**：最大可能相对误差为±5%。

**Jd2D2076** 用一台电能表标准装置测定一只短时稳定性较好的电能表某一负载下的相对误差，在较短的时间内，在等同条件下，独立测量5次，所得的误差数据分别为：0.23%，

0.20%，0.21%，0.22%，0.23%，试计算该装置的单次测量标准偏差估计值和最大可能随机误差。

**解**：平均值

$$\bar{\gamma} = \frac{0.23 + 0.21 + 0.22 + 0.23 + 0.20}{5} \times 100\% = 0.218\%$$

残余误差

$$\Delta\gamma_i = \gamma_i - \bar{\gamma}$$

$$\Delta\gamma_1 = 0.012\%, \; \Delta\gamma_2 = -0.018\%, \; \Delta\gamma_3 = -0.008\%$$

$$\Delta\gamma_4 = 0.002\%, \; \Delta\gamma_5 = 0.012\%$$

标准偏差估计值

$$s = \sqrt{\frac{\sum\Delta\gamma_i^2}{n-1}}$$

$$= \sqrt{\frac{0.012^2 + (-0.018)^2 + (-0.008)^2 + 0.002^2 + 0.012^2}{5-1}} \times 100\%$$

$$= 0.013\%$$

随机误差范围为

$$s = \pm 0.013\%$$

最大可能随机误差为

$$\gamma_{\max} = 3s = \pm 0.039\%$$

**答**：标准偏差估计值为 0.013%，最大可能随机误差为 ±0.039%。

**Jd4D3077**　用 2.5 级电压表的 300V 档，在额定工作条件下测量某电压值，其指示值为 250.0V。试求测量结果可能出现的最大相对误差 $r$，并指出实际值 $U$ 的范围。

**解**：按题意绝对误差

$$\Delta U = \pm 2.5\% \times 300 = \pm 7.5\text{V}$$

最大相对误差

$$r=\pm \frac{7.5}{250} \times 100\%=\pm 3\%$$

实际值 $U$ 的范围为

$$(250-7.5) \leq U \leq (250+7.5)$$

即在 242.5V 与 257.5V 之间。

**答**：$r$ 为±3%，$U$ 在 242.5V 与 257.5V 之间。

**Jd4D3078**  测量实际值为 220V 的电压时，A 电压表的指示值为 220V、B 电压表的指示值为 201V；测量实际值为 20V 的电压时，C 电压表的指示值为 19.5V。试分别求它们的绝对误差和相对误差。

**解**：绝对误差

$$\Delta U_{\mathrm{A}}=220-220=0 （V）$$

$$\Delta U_{\mathrm{B}}=201-220=-19 （V）$$

$$\Delta U_{\mathrm{C}}=19.5-20=-0.5 （V）$$

相对误差

$$r_{\mathrm{A}}=\frac{0}{220} \times 100\%=0$$

$$r_{\mathrm{B}}=\frac{-19}{220} \times 100\%=-8.6\%$$

$$r_{\mathrm{C}}=\frac{-0.5}{20} \times 100\%=-2.5\%$$

**答**：它们的绝对误差 $\Delta U_{\mathrm{A}}$ 为 0V、$\Delta U_{\mathrm{B}}$ 为-19V、$\Delta U_{\mathrm{C}}$ 为-0.5V；相对误差 $r_{\mathrm{A}}$ 为 0、$r_{\mathrm{B}}$ 为-8.6%、$r_{\mathrm{C}}$ 为-2.5%。

**Jd3D3079**  同一条件下，7 次测得某点温度为 23.4、23.5、23.7、23.4、23.1、23.0、23.6℃。求测量值（平均值）$\bar{X}$ 和标准差 $s$。

**解**：按题意测量值为

$$\bar{X}=\frac{1}{7}(23.4+23.5+23.7+23.4+23.1+23.0+23.6)$$

$=23.4(℃)$

标准差=标准偏差，即

$$s=\sqrt{\sum_1^n (X_i - \overline{X})^2 /(7-1)} \approx 0.25(℃)$$

**答**：$\overline{X}$ 为 23.4℃，$s$ 为 0.25℃。

**Jd2D3080** 一块 0.1 级标准电能表，在参与 $U$=220V、$f$=50Hz，$I$=5A 下，对 $\cos\varphi = 1.0$ 的负载点，重复测量 10 次基本误差，其结果如下：

| 序号 | 1 | 2 | 3 | 4 | 5 | 6 | 7 | 8 | 9 | 10 |
|------|------|------|------|------|------|------|------|------|------|------|
| 误差（%） | 0.08 | 0.09 | 0.09 | 0.10 | 0.09 | 0.09 | 0.10 | 0.08 | 0.08 | 0.08 |

求该点的标准偏差估计值。

**解**：误差平均值为

$$\overline{\gamma} = \frac{\gamma_1 + \gamma_2 + \cdots + \gamma_{10}}{10} = 0.088\%$$

标准偏差估计值为

$$s = \sqrt{\frac{1}{n-1}\sum_{i=1}^n (\gamma_i - \overline{\gamma})^2} = 0.0079\%$$

**答**：该点标准偏差估计值不超过 0.01%。

**Jd3D4081** 当用公式 $I=\dfrac{U}{R}$ 计算电流时，已知电压表的读数是 220V，误差是 4V，电阻标称值是 200Ω，误差是−0.2Ω。求电流的误差$\Delta I$ 和电流实际值 $I$。

**解**：已知 $I=\dfrac{U}{R}$，可据此式用误差传播式求电流的绝对误差，设电流、电压和电阻的误差分别为$\Delta I$、$\Delta U$ 和$\Delta R$，则

$$\Delta I=(R\Delta U-U\Delta R)/R^2$$

*171*

$$=[200×4−220×(−0.2)]/(200)^2$$

$$=0.0211A$$

所以电流实际值为

$$I=\frac{U}{R}−\Delta I=\frac{220}{200}−0.0211=1.0789（A）$$

**答**：$\Delta I$ 为 0.0211A，$I$ 为 1.0789A。

**Jd3D4082** 已知三相三线有功电能表接线错误，其接线方式为：U 相元件 $\dot{U}_{UV}$，$−\dot{I}_{W}$，W 相元件 $\dot{U}_{WV}$，$−\dot{I}_{U}$。请写出两元件的功率 $P_U$、$P_W$ 表达式和总功率 $P_{inc}$ 表达式，并计算出更正系数 $K$。（三相功率平衡，且正确接线时的功率表达式 $P_{cor}=\sqrt{3}\,U_{p-p}I_{p-p}\cos\varphi$）

**解**：按题意有

$$P_U=U_{UV}I_W\cos(90°−\varphi)$$

$$P_W=U_{WV}(−I_U)\cos(90°−\varphi)$$

在对称的三相电路中：$U_{UV}=U_{WV}=U_{p-p}$，$I_U=I_W=I_{p-p}$，则

$$P_{inc}=P_U+P_W=U_{p-p}I_{p-p}\left[\cos(90°−\varphi)+\cos(90°−\varphi)\right]$$

$$=2U_{p-p}I_{p-p}\cos(90°−\varphi)=2U_{p-p}I_{p-p}\sin\varphi$$

更正系数

$$K=\frac{P_{cor}}{P_{inc}}=\frac{\sqrt{3}U_{p-p}I_{p-p}\cos\varphi}{2U_{p-p}I_{p-p}\sin\varphi}=\frac{\sqrt{3}}{2\tan\varphi}$$

**答**：$P_U=U_{UV}I_W\cos(90°−\varphi)$，$P_W=U_{WV}(−I_U)\cos(90°−\varphi)$，$P_{inc}=2U_{p-p}I_{p-p}\sin\varphi$，$K=\dfrac{\sqrt{3}}{2\tan\varphi}$。

**Je5D2083** 有一用户，用一个 1000W 电开水壶每天使用 2h，三只 100W 的白炽灯泡每天使用 4h。问 30 天的总用电量 W 是多少？

**解**：100W=0.1kW，1000W=1kW，则

$$W= (3×0.1×4+1×2) ×30=96kWh$$

**答**：30 天的总用电量是 96kWh。

**Je5D2084**　某用户三月份有功电能表计量 4000kWh，无功电能表计量 3000kvarh。求该用户的平均功率因数是多少？

**解**：按题意，功率因数

$$\cos\varphi = \frac{W_\mathrm{p}}{\sqrt{W_\mathrm{P}^2 + W_\mathrm{Q}^2}} = \frac{4000}{\sqrt{4000^2 + 3000^2}}$$

$$= 0.8$$

**答**：该用户的平均功率因数为 $\cos\varphi = 0.8$。

**Je5D2085**　有一只 220V、10A 的电能表，试求该表可以计量多大功率的负载；如果只接照明负荷，可接 100W 的电灯盏数 $n$ 为多少？

**解**：按题意，负载功率

$$P=220×10=2200W=2.2kW$$

$$n=2200÷100=22 \text{ 盏}$$

**答**：可计量 2.2kW 负载功率，可按 100W 的电灯 22 盏。

**Je5D2086**　某用户安装的是 3×380 V /220V、5（20）A 的三相电能表，请问能接 3×380V、$\cos\varphi$ =0.8 三相功率为 3kW 的电动机台数 $n$ 为多少？

**解**：三相电动机的额定电流为

$$I_\mathrm{M}=\frac{3}{\sqrt{3}×0.38×0.8}=5.7A$$

∵电能表最大额定工作电流为 20A

故能接三相电动机的台数为

$$n=\frac{20}{5.7}=3 \text{ 台}$$

答：$n$ 为 3 台。

**Je5D3087** 某三相高压用户，安装的是三相三线两元件有功电能表，TV、TA 均各采用二个 TV、二个 TA 的接线。在进行电气预试时，将计量 TV 高压 U 相熔丝熔断，错误计量期间平均功率因数为 0.89，抄见表码为 80kWh，电能表的启码为 0。该户 TV 变比为 6/0.1，TA 变比为 200/5。试求应追补的电量$\Delta W$。

**解**：先求更正率$\varepsilon$，即

$$\varepsilon = \frac{\sqrt{3}UI\cos\varphi}{UI\cos(30^\circ-\varphi)}-1 = \frac{\sqrt{3}UI\times0.89}{UI\cos(30^\circ-27.1^\circ)}-1 = 0.543$$

故应追补电量

$$\Delta W = 0.543\times80\times\frac{6}{0.1}\times\frac{200}{5} = 104256\;(kWh)$$

**答**：$\Delta W$ 为 104256kWh。

**Je5D3088** 某用户电能表经检定误差为−5%，抄表电量 19000kWh，问应补电量$\Delta W$ 为多少？实际应收电量 $W_r$ 为多少？

**解**：按题意，应补电量为

$$\Delta W = \left(\frac{1}{1-0.05}-1\right)\times19000 = 1000\;(kWh)$$

故实际应收电量为

$$W_r = 19000+1000 = 20000\;(kWh)$$

**答**：$\Delta W$ 为 1000kWh，$W_r$ 为 20000kWh。

**Je3D2089** 某用户 TV 为 10/0.1，TA 为 200/5，电表常数为 2500r/kWh，现场实测电压为 10kV、电流为 170A、$\cos\varphi$ 为 0.9。有功电能表在以上负荷时 5r 用 20s，请计算该表计量是否准确。

**解**：实测时瞬时负荷

$$p = \sqrt{3}UI\cos\varphi = \sqrt{3} \times 10 \times 170 \times 0.9$$
$$= 2650 \ (\text{kW})$$

该负荷时 5r 算定时间

$$T = \frac{5 \times 3600 \times \dfrac{10}{0.1} \times \dfrac{200}{5}}{2500 \times 2650} = 10.88 \ (\text{s})$$

$$r = \frac{T-t}{t} \times 100 \ (\%) = \frac{10.88 - 20}{20} \times 100\% = -45.7\%$$

**答**：该表误差达$-45.7\%$，计量不准确，要进行更换。

**Je3D3090** 已知三相三线有功电能表接线错误。其接线方式为：U 相元件 $\dot{U}_{\text{UV}}$，$-\dot{I}_{\text{U}}$，W 相元件 $\dot{U}_{\text{WV}}$，$-\dot{I}_{\text{W}}$，请写出两元件的功率 $P_{\text{U}}$、$P_{\text{W}}$ 表达式和总功率 $P_{\text{inc}}$ 表达式，并计算出更正系数 $K$。（三相负载平衡，且正确接线时的功率表达式 $P_{\text{cor}} = \sqrt{3}\,U_{\text{p-p}}I_{\text{p-p}}\cos\varphi$）

**解**：按题意有

$$P_{\text{U}} = U_{\text{UV}}(-I_{\text{U}})\cos(150° - \varphi)$$
$$P_{\text{W}} = U_{\text{WV}}(-I_{\text{W}})\cos(150° + \varphi)$$

在对称的三相电路中：$U_{\text{UV}} = U_{\text{WV}} = U_{\text{p-p}}$，$I_{\text{U}} = I_{\text{W}} = I_{\text{p-p}}$，则

$$P_{\text{inc}} = P_{\text{U}} + P_{\text{W}} = U_{\text{p-p}}I_{\text{p-p}}\left[\cos(150° - \varphi) + \cos(150° + \varphi)\right]$$
$$= -\sqrt{3}\,U_{\text{p-p}}I_{\text{p-p}}\cos\varphi$$

更正系数

$$K = \frac{P_{\text{cor}}}{P_{\text{inc}}} = \frac{\sqrt{3}U_{\text{p-p}}I_{\text{p-p}}\cos\varphi}{-\sqrt{3}U_{\text{p-p}}I_{\text{p-p}}\cos\varphi} = -1$$

**答**：$P_{\text{U}} = U_{\text{UV}}(-I_{\text{U}})\cos(150° - \varphi)$，$P_{\text{W}} = U_{\text{WV}}(-I_{\text{W}})\cos(150° + \varphi)$，$P_{\text{inc}} = -\sqrt{3}\,U_{\text{p-p}}I_{\text{p-p}}\cos\varphi$，$K = -1$。

**Je3D4091** 已知三相三线有功电能表接线错误。其接线方式为：U 相元件 $U_{\text{VW}} - I_{\text{U}}$，W 相元件 $U_{\text{UW}} - I_{\text{W}}$，请写出两元件

的功率 $P_U$、$P_W$ 表达式和总功率 $P_{inc}$ 表达式，并计算出更正系数 $K$。（三相负载平衡，且正确接线时的功率表达式 $P_{cor}=\sqrt{3}\,U_{p-p}I_{p-p}\cos\varphi$）

**解**：按题意有

$$P_U=U_{VW}(-I_U)\cos(90°+\varphi)$$

$$P_W=U_{UW}(-I_W)\cos(30°+\varphi)$$

在对称的三相电路中：$U_{VW}=U_{UW}=U_{p-p}$，$I_U=I_W=I_{p-p}$，则

$$P_{inc}=P_U+P_W=U_{p-p}I_{p-p}\left[\cos(90°+\varphi)+\cos(150°-\varphi)\right]$$

$$=\sqrt{3}\,U_{p-p}I_{p-p}\cos(60°+\varphi)$$

更正系数

$$K=\frac{P_{cor}}{P_{inc}}=\frac{\sqrt{3}U_{p-p}I_{p-p}\cos\varphi}{\sqrt{3}U_{p-p}I_{p-p}\cos(60°+\varphi)}=\frac{2}{1-\sqrt{3}\tan\varphi}$$

**答**：$P_U=U_{VW}(-I_U)\cos(90°+\varphi)$，$P_W=U_{UW}(-I_W)\cos(150°-\varphi)$，$P_{inc}=\sqrt{3}\,U_{p-p}I_{p-p}\cos(60°+\varphi)$，$K=\dfrac{2}{1-\sqrt{3}\tan\varphi}$。

**Je3D4092** 已知三相三线有功电能表接线错误。其接线方式为：U 相元件 $\dot{U}_{VW}$，$\dot{I}_W$，W 相元件 $\dot{U}_{UW}$，$\dot{I}_U$，请写出两元件的功率 $P_U$、$P_C$ 表达式和总功率 $P_{inc}$ 表达式，并计算出更正系数 $K$。（三相负载平衡，且正确接线时的功率表达式 $P_{cor}=\sqrt{3}\,U_{p-p}I_{p-p}\cos\varphi$）

**解**：按题意有

$$P_U=U_{VW}I_W\cos(150°+\varphi)$$

$$P_W=U_{UW}I_U\cos(30°+\varphi)$$

在对称的三相电路中：$U_{VW}=U_{UW}=U_{p-p}$，$I_U=I_W=I_{p-p}$

$$P_{inc}=P_U+P_W=U_{p-p}I_{p-p}\left[\cos(150°+\varphi)+\cos(30°+\varphi)\right]$$

$$=0$$

更正系数

$$K = \frac{P_{\text{cor}}}{P_{\text{inc}}}$$

因分母为"0"，无意义。不能得出更正系数，此时应根据正常接线时的用电量与客户协商电量补收。

**答**：$P_U = U_{VW} I_W \cos(150° + \varphi)$，$P_W = U_{UW} I_U \cos(30° + \varphi)$，$P_{\text{inc}} = 0$，$K$ 值无意义。不能得出更正系数，此时应根据正常接线时的用电量与客户协商电量补收。

**Je2D3093**　某三相高压电力用户，三相负荷平衡，在对其计量装置更换时，误将 W 相电流接入表计 U 相，U 相电流反接入表计 W 相。已知故障期间平均功率因数为 0.88，故障期间表码走了 50 个字。若该户计量 TV 比为 10000/100，TA 比为 100/5，试求故障期间应退补的电量 $\Delta W$。

**解**：先求更正系数

$$K = \frac{\sqrt{3} IU \times 0.88}{IU \cos(90° - \varphi) + IU \cos(90° - \varphi)}$$

$$= \frac{\sqrt{3} IU \times 0.88}{IU \cos(90° - 28.25°) + IU \cos(90° - 28.35°)}$$

$$= 1.605$$

$\because K > 1$，少计电量，故应追补电量

$$\Delta W = 50 \times \frac{10}{0.1} \times \frac{100}{5} \times (1.605 - 1) = 60500 \text{（kWh）}$$

**答**：$\Delta W$ 为 60500kWh。

**Je2D5094**　某110kV 供电的用户计量装置安装在110kV 进线侧，所装 TA 可通过改变一次接线方式改变变比，在计量装置安装中要求一次串接，其计量绕组变比为 300/5，由于安装人员粗心误将 W 相 TA 一次接成并联方式，投运 5 天后，5 天中有功电能表所计码为 10.2kWh（起始表码为 0kWh），试计算应退补的电量 $\Delta W$。（故障期间平均功率因数为 0.86）

**解**：TA 一次串接时，其变比为 300/5，则一次并接时其变比为 600/5，故使得实际 W 相二次电流较正常减小了一半。

更正系数

$$K = \frac{\sqrt{3}UI\cos\varphi}{UI\cos(30°+\varphi) + \frac{1}{2}UI\cos(30°-\varphi)} = 1.505$$

$\because K > 1$，少计电量，故应追补的电量

$$\Delta W = 10.2 \times \frac{110}{0.1} \times \frac{300}{5} \times (1.505-1) = 339966 \text{（kWh）}$$

**答**：$\Delta W$ 为 339966kWh。

**Je1D1095** 某发电厂厂 2 号机的年发电量约 20 亿 kWh，计量该发电机发电量的电能表倍率为 1.3333…，由于工作人员不熟悉误差理论，误把它取为 1.3 进行计算，问这将使发电机每年少计发电量 W 为多少 kWh？

**解**：由题意可知，这时的约定真值是 $X_0 = 1.3333$，但取为 1.3，这就相当测得值为 $X = 1.3$，因此，相对误差为

$$r = \frac{X - X_0}{X_0} \times 100\% = \frac{1.3 - 1.3333}{1.3333} \times 100\% = -2.5\%$$

也就是说由于倍率的取值不当，引起的相对误差是-2.5%。

每年约少计发电量

$$W = 20 \times 10^8 \times 0.025 = 5 \times 10^7 \text{（kWh）}$$

合 0.5 亿 kWh。

**答**：W 为 0.5 亿 kWh。

**Je1D2096** 某用户装一块三相四线表，3×380/220V，5A，装三台变比为 200/5 电流互感器，有一台过负载烧毁，用户自行更换一台，供电部门因故未到现场。半年后发现，后换这台电流互感器变比是 300/5 的，在此期间有功电能表共计抄过电

量 $W=5$ 万 kWh,求追补电量 $\Delta W$ 是多少 kWh?

**解**:按题意更正率

$$\varepsilon = \frac{正确电量 - 错误电量}{错误电量} \times 100\%$$

$$正确电量 = \frac{1}{3} + \frac{1}{3} + \frac{1}{3} = 1$$

$$错误电量 = \frac{1}{3} + \frac{1}{3} + \frac{1}{3} \times \frac{200/5}{300/5} = \frac{2}{3} + \frac{2}{9} = \frac{8}{9}$$

则更正率

$$\varepsilon = \frac{1 - \frac{8}{9}}{\frac{8}{9}} = \frac{9 - 8}{8} \times 100\% = 12.5\%$$

$$\Delta W = \varepsilon \times W = 12.5\% \times 50000 = 6250 （kWh）$$

**答**:$\Delta W$ 为 6250kWh。

**Je1D4097** 某工业用户不文明用电,将计费有功电能表的计度器由原来的 1500r/kWh 更换成 1800r/kWh,发现后查实其更换计度器时新旧计度器的起止码均为 30.5kWh,改正时计度器(错计度器)的止码为 49.6kWh,该用户倍率为 3000,试计算应追补的电量 $\Delta W$。

**解**:根据计度器常数的定义,错误计度器工作期间的盘转数为

$$n = (49.6 - 30.5) \times 1800 = 34380 （r）$$

如用 1500r/kWh 计度器补算,则实际表应计量示数为

$$W_0 = 34380/1500 = 22.92 （kWh）$$

故应追补的电量

$$\Delta W = [22.92 - (49.6 - 30.5)] \times 3000 = 11460 （kWh）$$

**答**:$\Delta W$ 为 11460kWh。

**Je1D4098**　某低压三相四线用户不文明用电,私自将计量低压互感器更换,互感器变比铭牌仍标为正确时的 200/5,后经计量人员检测发现 U 相 TA 实为 500/5,V 相 TA 实为 400/5,W 相 TA 为 300/5,已知用户更换 TA 期间有功电能表走了 100 个字,试计算应追补的电量$\Delta W$。

**解**：私自将低压互感器变比换大,实为减小了进入电能表的二次电流；从而使电能表少计量,更正率

$$\varepsilon = K-1 = \frac{3UI\cos\varphi}{\dfrac{2}{5}UI\cos\varphi + \dfrac{2}{4}UI\cos\varphi + \dfrac{2}{3}UI\cos\varphi} - 1 = 0.915$$

故应追补的电量$\Delta W$ 为

$$\Delta W = 100 \times \frac{200}{5} \times 0.915 = 3660 \text{（kWh）}$$

**答**：应追补的电量$\Delta W$ 为 3660kWh。

**Je1D4099**　某用户元月至六月共用有功电量 $W_P = 10590.3$ 万 kWh,无功电量 $W_Q = 7242.9$ 万 kvarh。现用互感器试验器法测得电能表用 TV 二次导线压降引起的比差和角差为：$f_1 = -1.36\%$,$\delta_1 = 25.4'$；$f_2 = -0.41\%$,$\delta_2 = 50'$。请计算出由于二次导线压降的影响,使电能表计量发生的变化。

**解**：按题意有

$$\tan\varphi = \frac{W_Q}{W_P} = \frac{7242.9}{10590.3} = 0.684$$

$$\begin{aligned}
\omega_P &= 0.5(f_1 + f_2) + 0.00842(\delta_2 - \delta_1) \\
&\quad + 0.289(f_2 - f_1)\tan\varphi - 0.0145(\delta_2 + \delta_1)\tan\varphi \\
&= 0.5(-1.36 - 0.41) + 0.00842(50 - 25.4) \\
&\quad + 0.289(-0.41 + 1.36) \times 0.684 - 0.0145(50 + 25.4) \times 0.684 \\
&= -0.885 + 0.2071 + 0.1878 - 0.7478 \\
&= -1.24\%
\end{aligned}$$

**答**：由于二次导线压降的影响,使电能表偏慢 1.24%。

# 4.1.5　绘图题

**La5E1001**　$R_1$、$R_2$、$R_3$ 为电阻，将它们分别连成：（1）$R_2$ 与 $R_3$ 串联后再与 $R_1$ 并联的电路。（2）$R_2$ 与 $R_3$ 并联后再与 $R_1$ 串联的电路。

答：如图 E-1 所示。

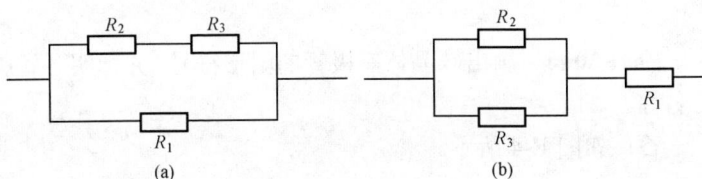

图 E-1

（a）$R_2$ 与 $R_3$ 串联后再与 $R_1$ 并联电路；

（b）$R_2$ 与 $R_3$ 并联后再与 $R_1$ 串联电路

**La5E1002**　画出电流互感器符号图和电压互感器符号图。

答：如图 E-2 所示。

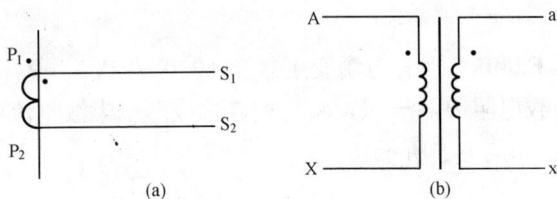

图 E-2

（a）电流互感器符号图；（b）电压互感器符号图

**La5E3003**　画出三相电压互感器 Yyn 接线组别的接线图。

答：如图 E-3 所示。

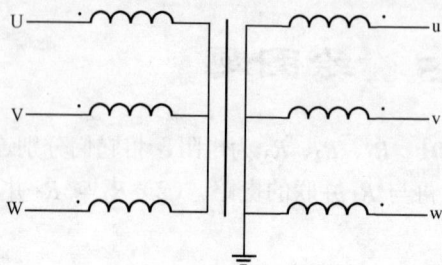

图 E-3

**La4E2004** 画出硅晶体三极管的图形符号,并标明各管脚的名称。

**答**:如图 E-4 所示。

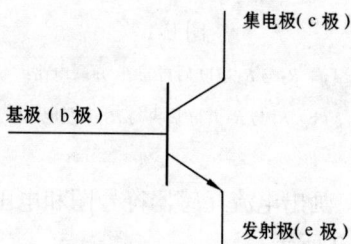

集电极(c极)

基极(b极)

发射极(e极)

图 E-4

**La4E2005** 现有电源变压器 T(220V/12V)、整流二极管 VD、负载电阻 R 各一只,将它们连接成一个半波整流电路。

**答**:如图 E-5 所示。

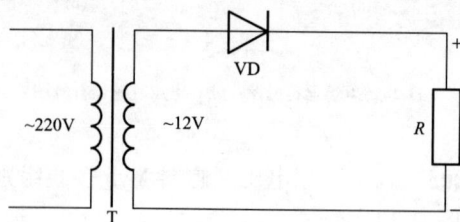

VD

~220V    ~12V    R

+

−

T

图 E-5

**La4E3006**　现有电源变压器 T 一台，其参数为 220V/2×12（二次侧有两个绕组），另有两只参数相同的整流二极管 VD 和一负载电阻 $R$，将它们连接成全波整流电路。

答：如图 E-6 所示。

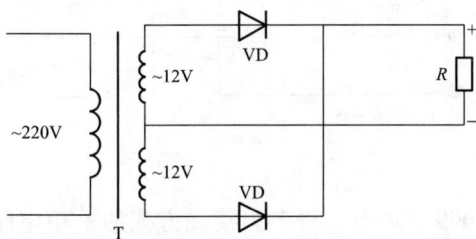

图 E-6

**La2E4007**　有电源变压器 T（220V/12V）一台、整流二极管 VD 四只，滤波电容器 C、限流电阻 $R$、稳压管 V 和负载电阻 $R_L$ 各一只，将它们连接成全波桥式整流稳压电路。

答：如图 E-7 所示。

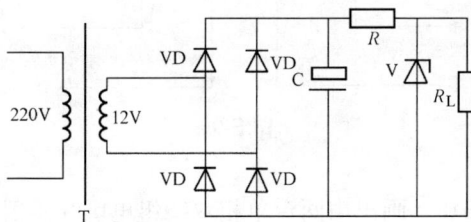

图 E-7

**Lb5E1008**　画出一进一出接线方式的单相电能表内外部接线图。

答：如图 E-8 所示。

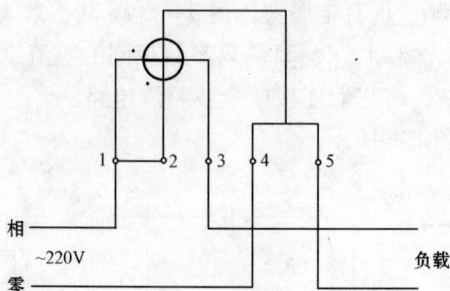

图 E-8

**Lb5E1009** 画出二进二出接线方式的单相电能表内外接线图。

**答**：如图 E-9 所示。

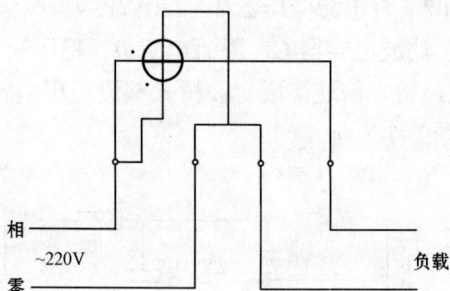

图 E-9

**Lb5E2010** 画出由两台单相双绕组电压互感器连接的 Vv 接线图。

**答**：如图 E-10 所示。

**Lb5E3011** 画出一进一出接线方式的单相电能表经电流互感器 TA 接入，分用电压线和电流线的接线图。

**答**：如图 E-11 所示。

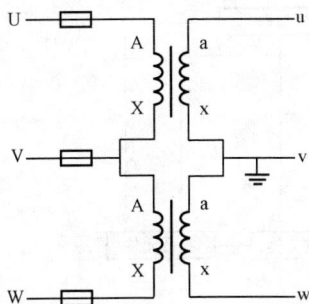

图 E-10

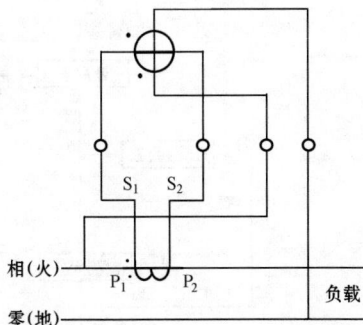

图 E-11

**Lb4E2012** 画出感应型单相电能表的简化相量图。

**答**：如图 E-12 所示。

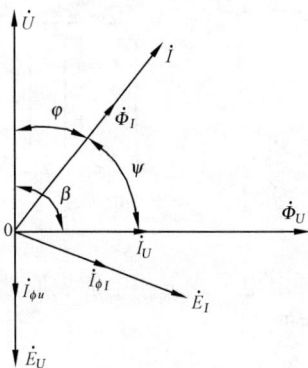

图 E-12

**Lc4E2013** 画出电流型漏电保护器动作方框图。

**答**：如图 E-13 所示。

**Lb4E3014** 画出用调压器 AV、AA、标准电流互感器 $TA_0$、两只 0.5 级以上的交流电流表来测量电流互感器 $TA_X$ 变比的接线图。

**答**：如图 E-14 所示。

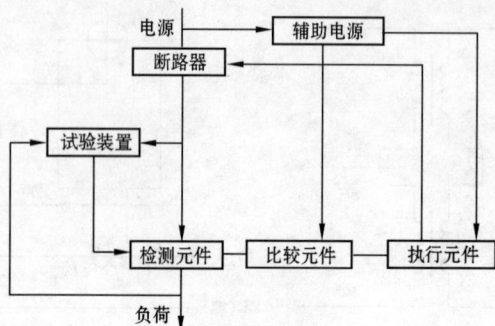

图 E-13

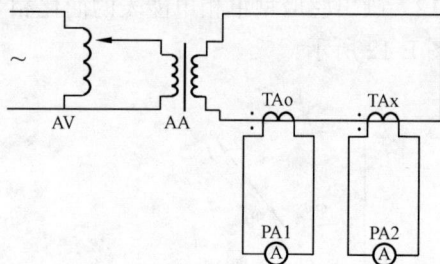

图 E-14

**Lb3E3015**　画出电子式三相电能表原理框图。

**答：** 如图 E-15 所示。

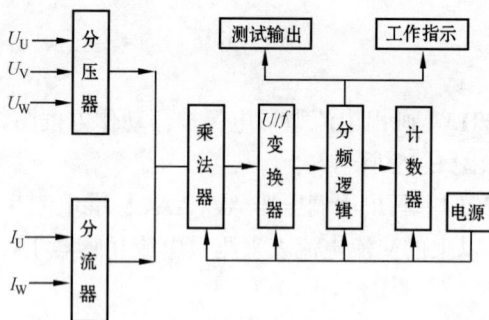

图 E-15

**Lb3E3016** 有一高压电能计量柜，电能计量装置的电流回路为二相四线接线，电流回路的负载有失压计时仪、有功电能表、无功电能表。请画出该电能计量装置电流回路接线的展开图。

**答：** 如图 E-16 所示。

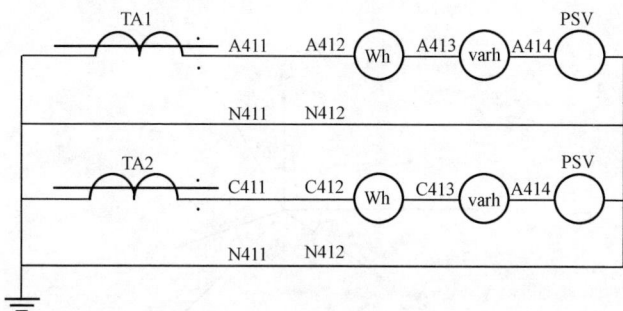

图 E-16

**Lb3E3017** 画出 GG–1A（F）型进线柜和 PJ1–35A–J2 型计量柜组合方式的一次接线图。

**答：** 如图 E-17 所示。

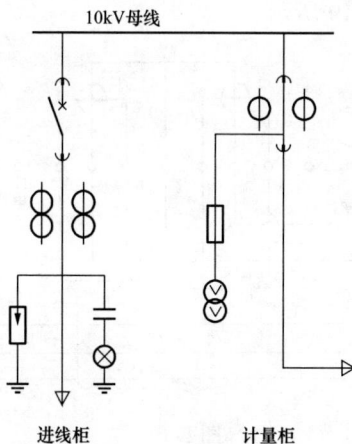

图 E-17

**Lb3E3018** 有三台单相双绕组电压互感器采用 Yyn0 组别接线,现场检查发现三台 TV 极性均接反,画出错误接线时 TV 二次侧线电压的相量图。

**答:** 如图 E-18 所示。

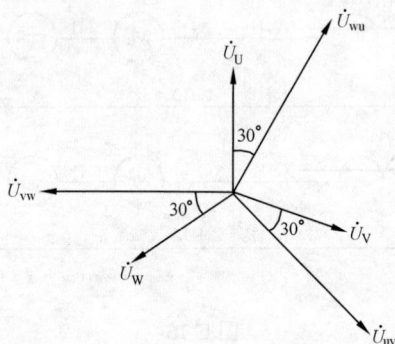

图 E-18

**Lb3E5019** 画出 DSK1 型电力定量器安装接线图,并标明各控制触点的功能。

**答:** 如图 E-19 所示。

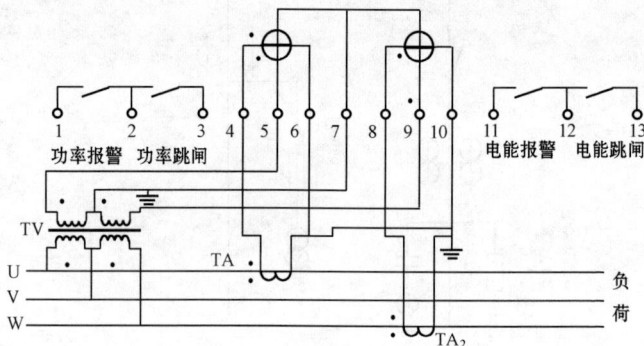

图 E-19

**Lb2E2020** 画出用两只单相有功电能表计量单相 380V 电

焊机等设备的接线图（直接接入）。

**答**：如图 E-20 所示。

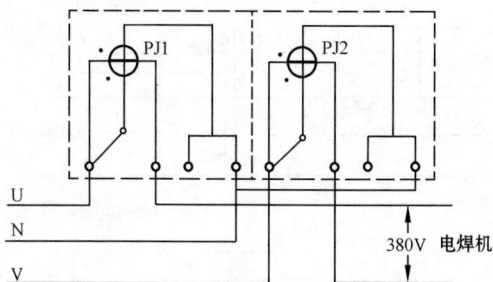

图 E-20

**Lb2E3021**　画出 GDJOG–04–01C 一次接线图（环网式）。

**答**：如图 E-21 所示。

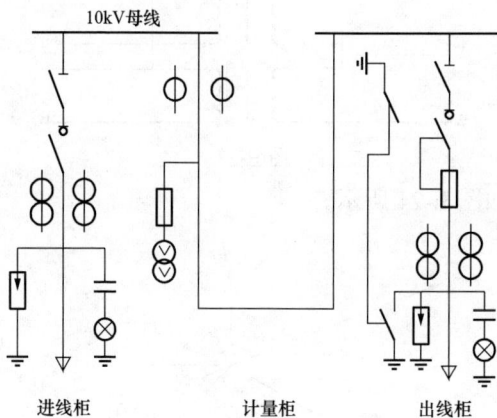

图 E-21

**Lb2E3022**　画出用两只单相电能表计量单相 380V 电焊机等设备的接线图（经 TA 接入，分用电压线和电流线）。

**答**：如图 E-22 所示。

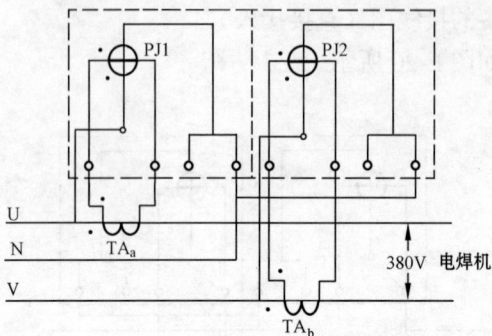

图 E-22

**Lb2E4023** 有两台单相双绕组电压互感器采用 V/v 接线，现场错误接线如图 E-23 所示。画出错误接线时线电压的相量图（三相电压对称）。

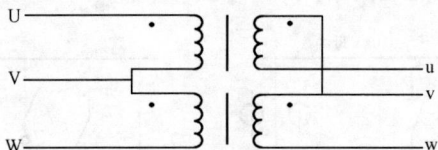

图 E-23

**答**：如图 E-24 所示。

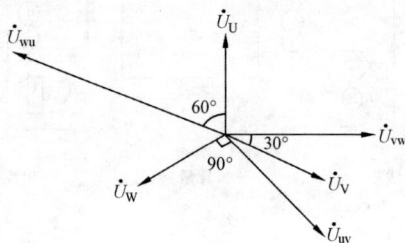

图 E-24

**Lb2E4024** 有两台单相双绕组电压互感器采用 V/v 接线，现场错误接线如图 E-25 所示。画出错误接线时线电压的相量图（三相电压对称）。

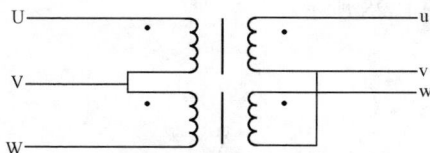

图 E-25

**答**：如图 E-26 所示。

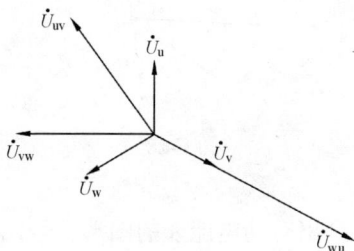

图 E-26

**Lb2E4025** 画出三相三线有功电能表在负荷功率因数为 0.866（感性）时，二次电流 $I_u$ 反接时的相量图。

**答**：如图 E-27 所示。

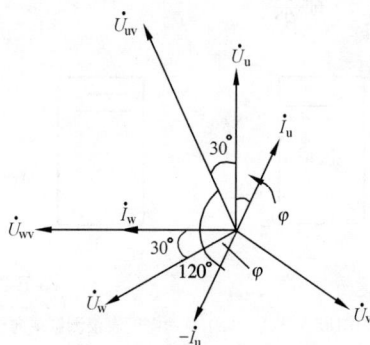

图 E-27

**Lb2E5026** 一用户三相三线有功电能表的错误接线方式

为 $\dot{U}_{UV}$，$-\dot{I}_U$；$\dot{U}_{WV}$，$-\dot{I}_W$。画出此错误接线方式的相量图。

答：如图 E-28 所示。

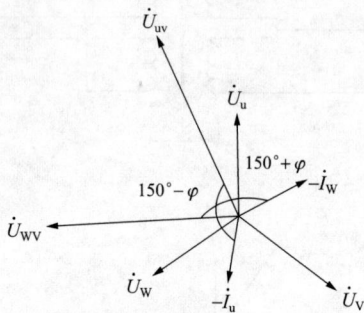

图 E-28

**Lc5E1027** 画出有功电能表的图形符号，画出无功电能表的图形符号。

答：如图 E-29 所示。

**Lc5E1028** 画出有功电能表仅测量单向传输能量的图形符号；画出有功电能表测量从母线流出能量的图形符号。

答：如图 E-30 所示。

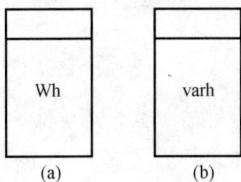

图 E-29

（a）有功电能表的图形符号；

（b）无功电能表的图形符号

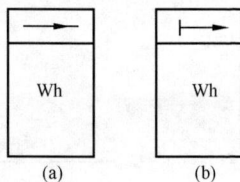

图 E-30

（a）有功电能表仅测量单向传输能量的图形符号；

（b）有功电能表测量从母线流出能量的图形符号

**Lc2E2029** 画出电动机正转控制线路图。

**答**：如图 E-31 所示。

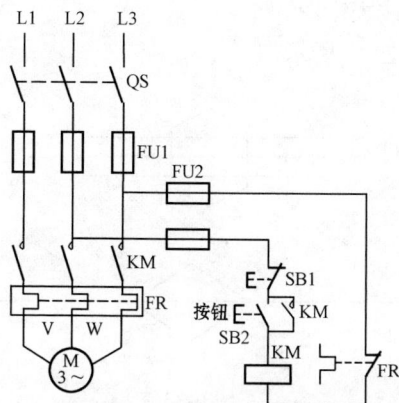

图 E-31

**Lc2E3030** 画出电动机正、反转（接触器连锁）控制线路图。

**答**：如图 E-32 所示。

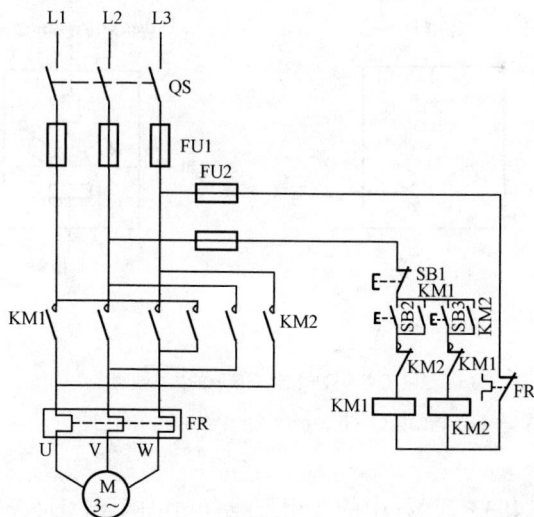

图 E-32

**Ld5E1031** 画出（带三根单芯电缆）电缆密封终端头的多线表示图和单线表示图。

**答**：如图 E-33 所示。

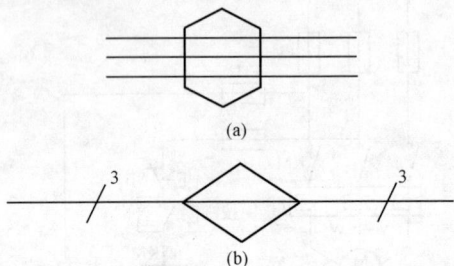

(a)

(b)

图 E-33

（a）多线表示图；（b）单线表示图

**Jd5E1032** 画出三眼插座（保护接地系统）的接地线规定；画出四眼插座（保护接地或接零系统）的接线规定。

**答**：如图 E-34 所示。

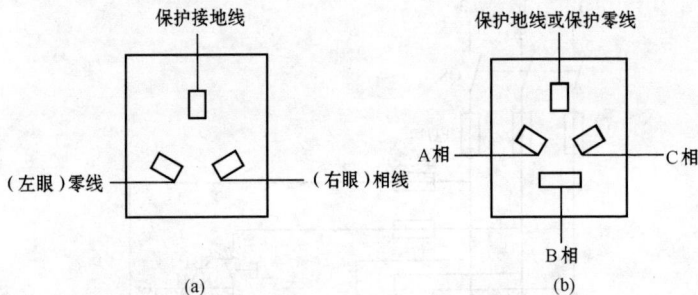

图 E-34

（a）三眼插座（保护接地系统）的接地线规定；

（b）四眼插座（保护接地或接零系统）的接线规定

**Jd3E4033** 运行中的三相三线有功电能表，U、W 相电流接线正确，U、V、W 相电压误接为 V、U、W 相电压。画出此情况时的相量图。

**答**：如图 E-35 所示。

**Jd3E4034**　运行中的三相三线有功电能表，若 V 相电压断开，画出此情况时电能表的相量图。

**答**：如图 E-36 所示。

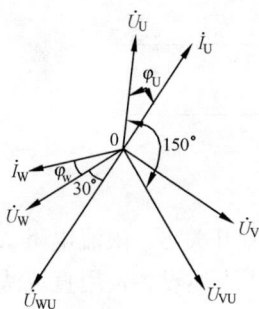

图 E-35

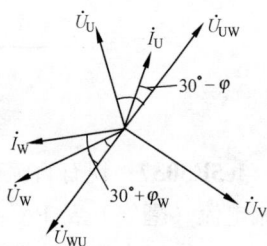

图 E-36

**Jd3E4035**　运行中的三相四线有功电能表，仅 U 相电流接反，其他均正确，画出此情况时的相量图。

**答**：如图 E-37 所示。

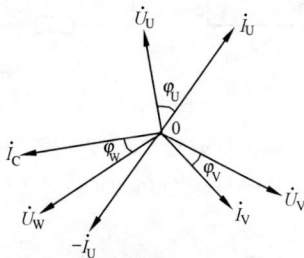

图 E-37

**Je5E2036**　画出一进一出接线方式的单相电能表经电流互感器 TA 接入，共用电压线和电流线的接线图。

答：如图 E-38 所示。

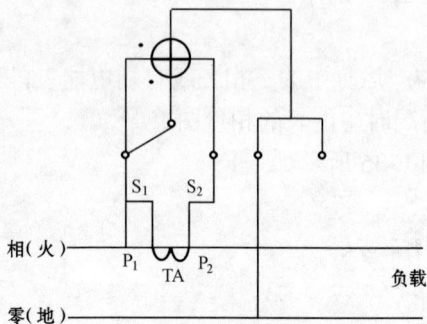

图 E-38

**Je5E3037** 现有直流电源 *E*、控制开关 S、限流电阻 *R*、直流电流（毫安）表 PA 各一个，利用上述设备，用直流法检查单相双绕组电流互感器的极性，画出接线图。

答：如图 E-39 所示。

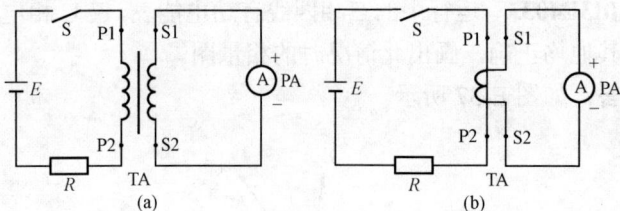

图 E-39

（a）直流法检查单相双绕组电流互感器第一绕组极性；

（b）直流法检查单相双绕组电流互感器第二绕组极性

**Je5E3038** 画出用三只单相有功电能表计量三相四线有功电能，采用直接接入、共用电压线和电流线的接线图。

答：如图 E-40 所示。

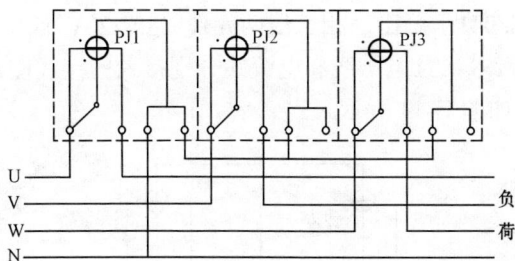

图 E-40

**Je5E3039** 画出三相四线有功电能表的直接接入方式的
接线图。

**答**：如图 E-41 所示。

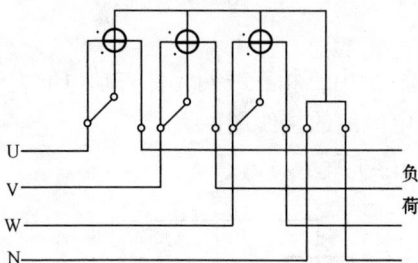

图 E-41

**Je5E3040** 画出三相三线两元件有功电能表接入方式的
接线图。

**答**：如图 E-42 所示。

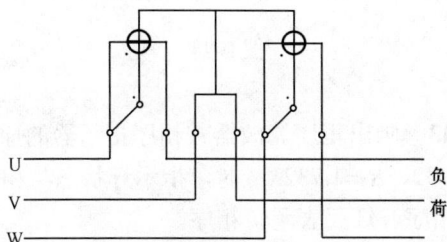

图 E-42

**Je5E3041** 画出三相三线两元件 380/220V 低压有功电能表经 TA 接入，且电压线和电流线分别接入的接线图。

**答**：如图 E-43 所示。

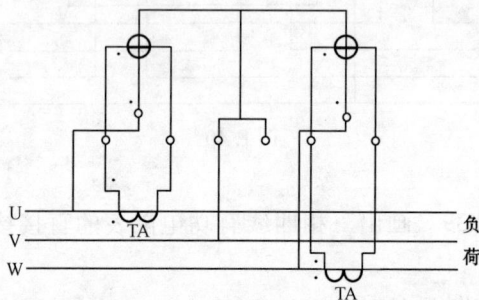

图 E-43

**Je5E3042** 画出三相三线两元件有功电能表经 TA 接入，共用电压线和电流线的接线图。

**答**：如图 E-44 所示。

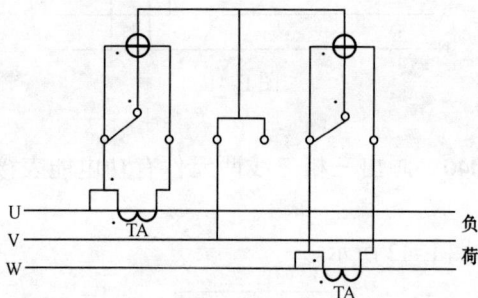

图 E-44

**Je5E4043** 画出正序滤波器式相序指示器的原理接线图。当 $R_1=X_{C1}/1.732$、$R_2=1.732X_{C2}$ 时，指示灯状态与相序的关系为灯亮表示正相序、灯灭表示负相序。

**答**：如图 E-45 所示。

**Je5E4044** 画出负序滤波器式相序指示器的原理接线图。当 $R_1=1.732X_{C1}$、$R_2=X_{C2}/1.732$ 时，指示灯状态与相序的关系为灯亮表示负相序、灯灭表示正相序。

答：如图 E-46 所示。

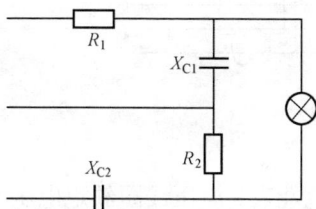 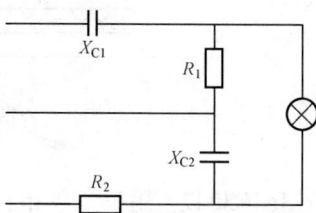

图 E-45　　　　　　图 E-46

**Je5E4045** 画出三相四线有功电能表经 TA 接入，分用电压线和电流线的接线图。

答：如图 E-47 所示。

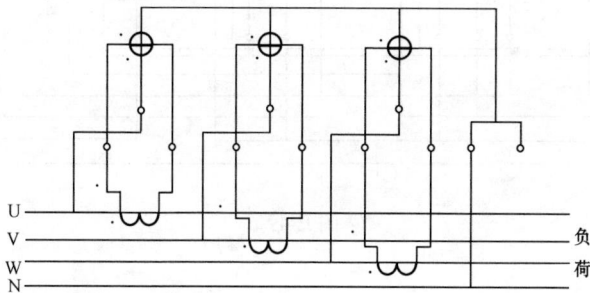

图 E-47

**Je5E4046** 画出三相三线两元件有功电能表经电流互感器三根线 V 简化接线，分用电压线和电流线的接线图。

答：如图 E-48 所示。

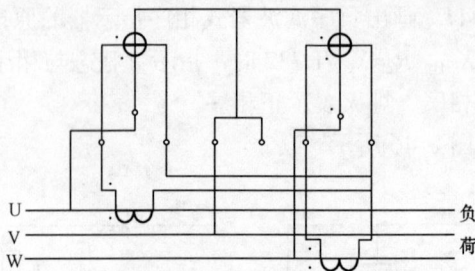

图 E-48

**Je4E3047**　用三只单相有功电能表（电压线圈额定电压为 380V）改装成跨相 90°接法的三相四线无功电能表，其电能之和应乘以系数 1/3，画出其内外部（直接接入）接线图。

**答**：如图 E-49 所示。

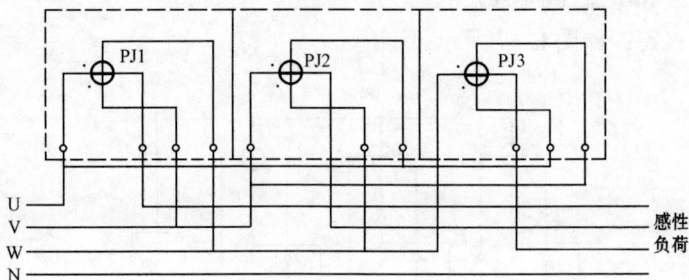

图 E-49

**Je4E3048**　画出三相三线有功电能表相量图。
**答**：如图 E-50 所示。

**Je4E3049**　画出有附加电流线圈的三相两元件无功电能表（直接接入式）内外部接线图。
**答**：如图 E-51 所示。

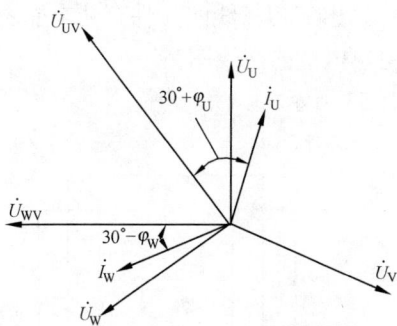

图 E-50

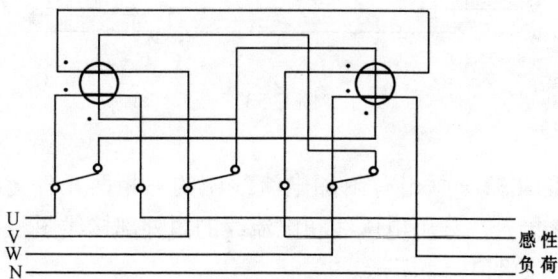

图 E-51

**Je4E3050** 画出内相角 60°型（DX2 型）无功电能表的内、外部接线图。

**答**：如图 E-52 所示。

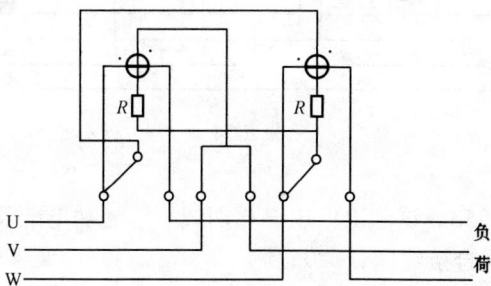

图 E-52

**Je4E3051** 画出三相三线两元件有功电能表经 TA、TV 接入，计量高压用户电量的接线图。

答：如图 E-53 所示。

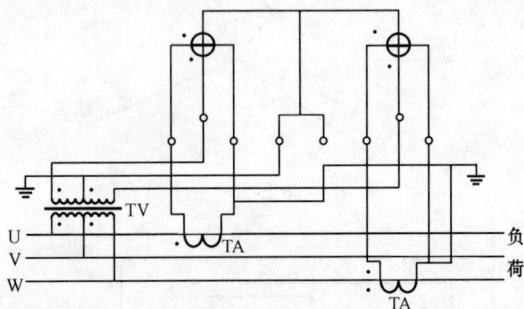

图 E-53

**Je4E4052** 画出有附加电流线圈的三相两元件无功电能表经 TA 接入、分用电压线和电流线的内外部接线图。

答：如图 E-54 所示。

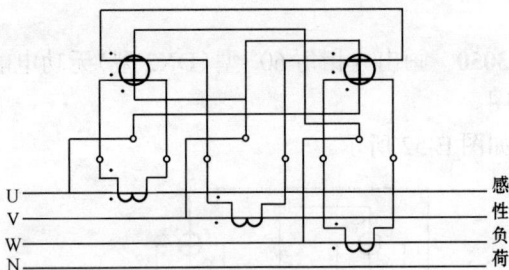

图 E-54

**Je4E5053** 试画出低压三相四线有、无功电能表带 TA 和接线盒的联合接线图。

答：如图 E-55 所示。

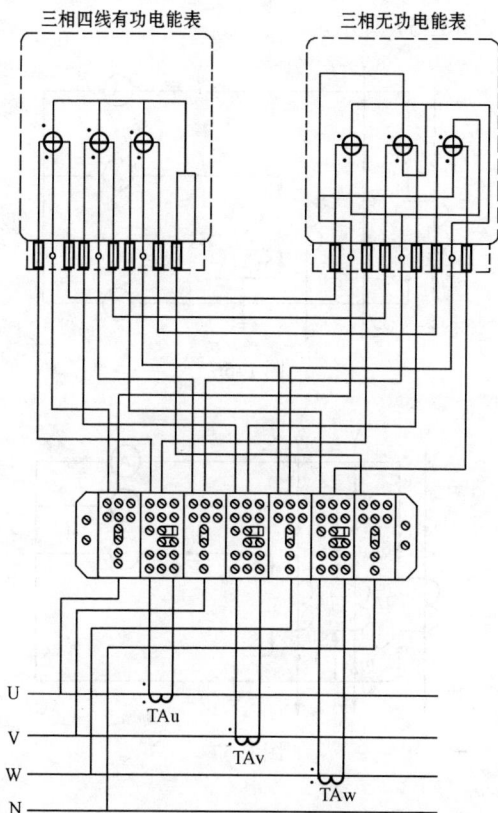

图 E-55

**Je3E2054** 设三相母线 U、V、W 为小电流接地三相制系统，欲装两台电流互感器（U、W 相）测量该系统三相电流，画出接线图。

**答**：如图 E-56 所示。

**Je3E2055** 设三相母线 U、V、W 为大电流接地三相制系统，欲装三台电流互感器（U、V、W 相）测量该系统三相电流，画出接线图。

答：如图 E-57 所示。

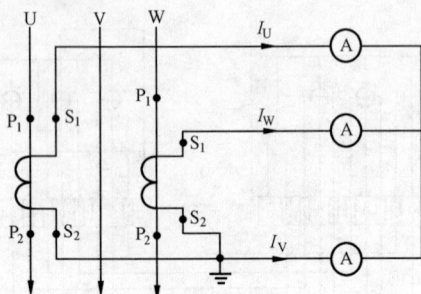

图 E-56

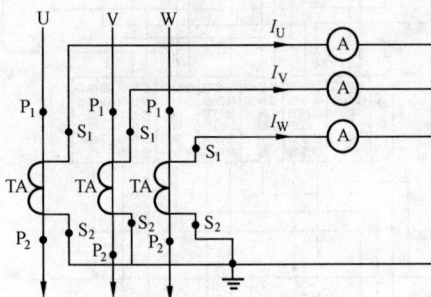

图 E-57

**Je3E2056** 画出三相三线两元件有功电能表经 TA、TV 接入，计量高压用户电量的接线图。

答：如图 E-58 所示。

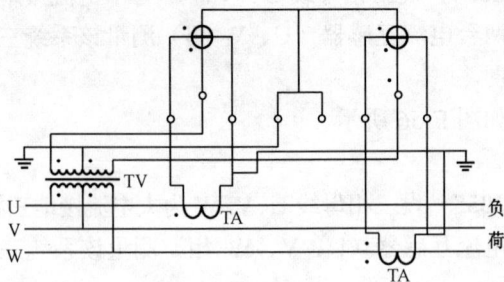

图 E-58

**Je3E2057**　画出用 220V 三相三线有功电能表计量单相 380V 电焊机等设备的接线图（直接接入）。

**答**：如图 E-59 所示。

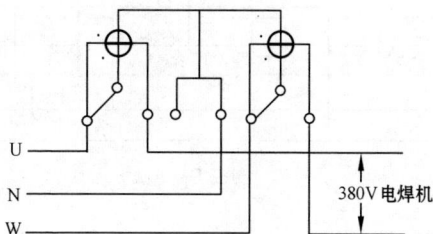

图 E-59

**Je3E3058**　画出用 220V 三相三线有功电能表计量单相 380V 电焊机等设备的接线图（经 TA 接入，分用电压线和电流线）。

**答**：如图 E-60 所示。

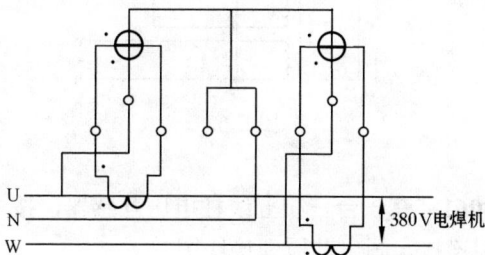

图 E-60

**Je3E3059**　画出用三只单相有功电能表计量三相四线有功电能，采用经 TA 接入、分用电压线和电流线的接线图。

**答**：如图 E-61 所示。

**Je3E3060**　有三台单相三绕组（一次侧一绕组，二次侧二绕组）电压互感器，画出接 Yyn0 开口三角形组别连接的接线图。

**答**：如图 E-62 所示。

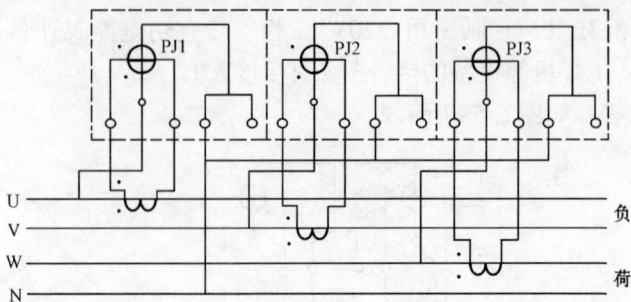

图 E-61

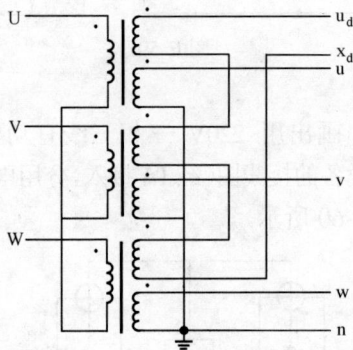

图 E-62

**Je3E3061** 有一台三相五线柱电压互感器，按 Yyn0 开口三角形组别连接，画出其原理接线图。

**答：** 如图 E-63 所示。

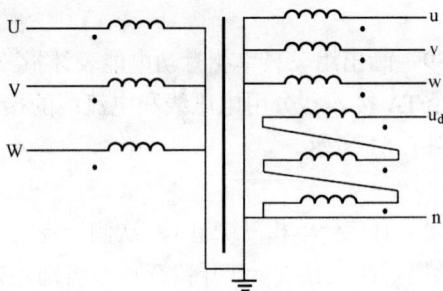

图 E-63

206

**Je3E4062** 画出用一只三相两元件有功电能表、一只三相两元件 60° 无功电能表、两只 TA、两只 TV 计量高压用户电量的联合接线图。

**答**：如图 E-64 所示。

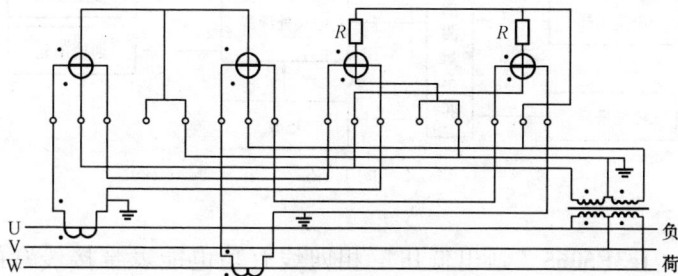

图 E-64

**Je3E4063** 画出用两只单相有功电能表测量三相三线电路负载功率因数的接线图。设 PW1 示值为 $P_1$，PW2 示值为 $P_2$，功率因数计算公式为

$$\cos\varphi = \frac{P_1 + P_2}{\sqrt{(P_1 + P_2)^2 + 3(P_2 - P_1)^2}}$$

**答**：如图 E-65 所示。

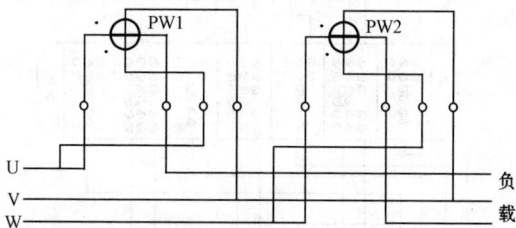

图 E-65

**Je3E4064** 画出电能表现场校验仪原理框图。

**答**：如图 E-66 所示。

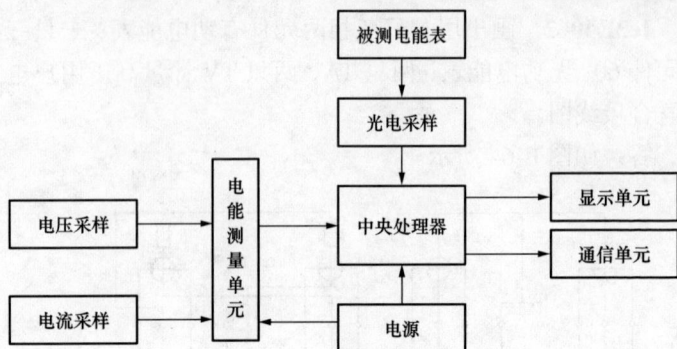

图 E-66

**Je3E5065** 画出低压三相四线有功电能表带接线盒的接线图。

**答:** 如图 E-67 所示。

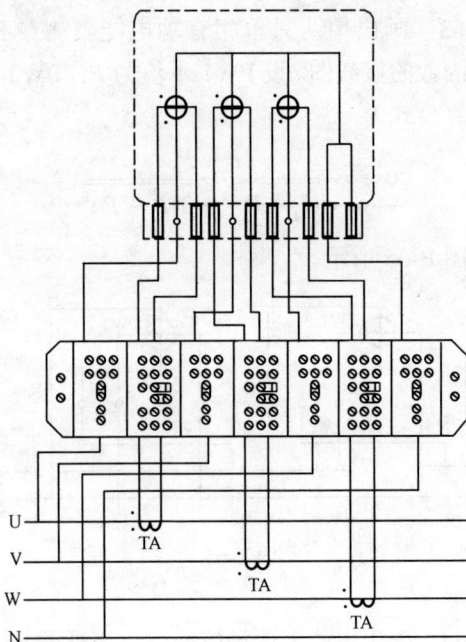

图 E-67

**Je3E5066**  试画出三相四线有、无功电能表带电压和电流互感器接线盒的联合接线图。

**答**：如图 E-68 所示。

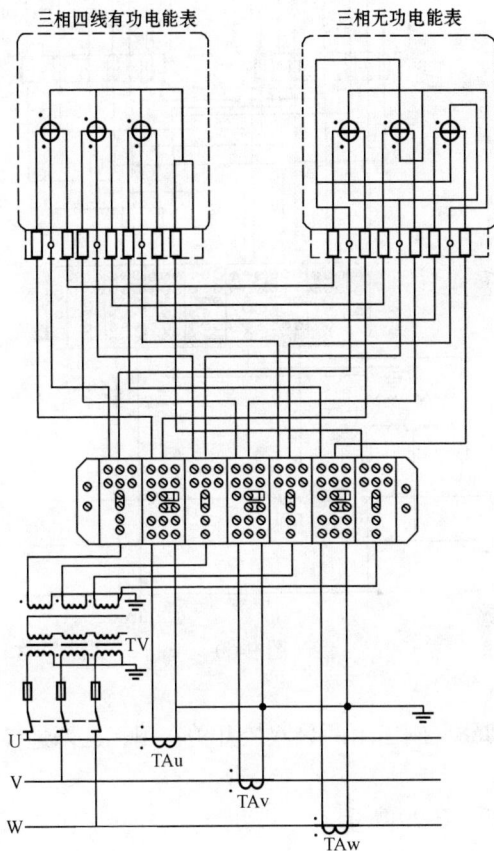

图 E-68

**Je3E5067**  试画出三相二元件有、无功电能表，带 TV、TA 和接线盒的联合接线图。

**答**：如图 E-69 所示。

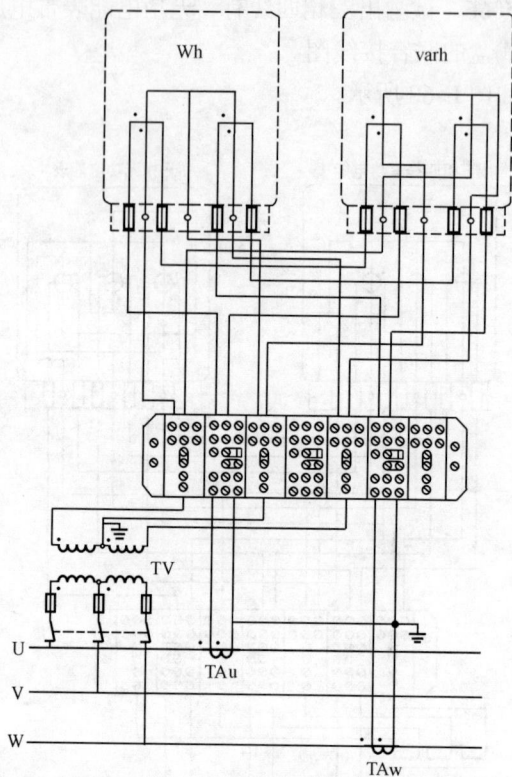

图 E-69

**Jf5E2068** 画出用两只双控开关在甲、乙两地控制一只灯的接线图。

**答：**如图 E-70 所示。

**Jf5E2069** 画出由电源、开关、双线圈镇流器、灯管、启辉器组成的荧光灯控制电路的原理接线图。

**答：**如图 E-71 所示。

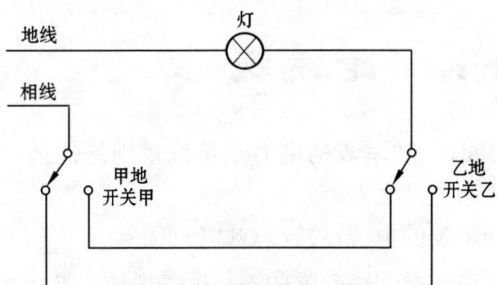

地线

灯

相线

甲地
开关甲

乙地
开关乙

图 E-70

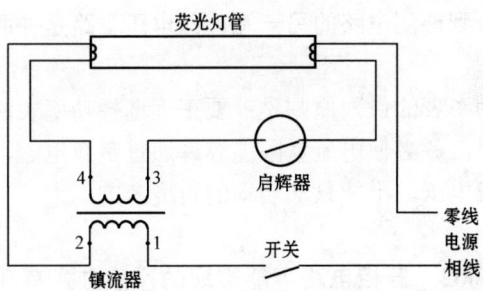

荧光灯管

4    3

启辉器

零线
电源

2    1

镇流器

开关

相线

图 E-71

# 4.1.6 论述题

**La5F3001 功率表的电源端接线规则是什么？选择功率表的量限原则是什么？**

**答**：功率表的电源端接线规则如下：

（1）电流线圈的电源端必须与电源连接，另一端与负载连接，即电流线圈串联接入电路。

（2）电压支路的电源端必须与电流线圈的任一端连接，另一端则跨接到被测电路的另一端，即电压支路是并联接入电路的。

选择功率表的量限原则是：要正确选择功率表的电流量限和电压量限，务必使电流量限能容许通过负载电流，电压量限能承受负载电压，不能只从功率的角度考虑。

**La5F3002 三相电路可能实现的连接方式有几种？在三相电路中，负载与电源连接的原则是什么？**

**答**：无论是三相交流电源还是三相负载都有星形（Y）和三角形（△）两种连接方式。因此，三相电路可能实现的连接方式共有四种，即 Y-Y、Y-△、△-Y 和 △-△ 连接。

负载与电源连接的原则：一是保证负载得到额定电压；二是尽量使三相负载对称分布。

**La5F3003 什么叫短路？短路会造成什么后果？**

**答**：如果电源通向负载的两根导线不经过负载而相互直接接通，从而导致电路中的电流剧增，这种现象叫做短路。短路的后果是：由于导线的电流大幅度增加，会引起电气设备的过热，甚至烧毁电气设备，引起火灾；同时，短路电流还会产生很大的电动力，使电气设备遭受破坏；严重的短路事故，甚至还会破坏系统稳定。

**La3F3004　什么叫电流互感器？它有什么用处？电流互感器二次回路为什么不允许装熔断器？**

**答**：电流互感器是一种电流变换装置，它将高电压电流或低电压大电流按比例变成电压较低的较小电流，供给仪表和继电保护装置等，并将仪表和继电保护装置与高压电路隔离。电流互感器的二次侧电流额定值为 5A 或 1A，从而使测量仪表和继电保护装置生产标准化、规范化，由于使用安全、方便，所以在电力系统中得到广泛的应用。

不装熔断器是为了避免熔丝一旦熔断，造成电流互感器二次回路开路。因为当二次回路突然开路时，二次回路中电流等于零，铁芯中磁通急剧增加，铁芯将过分发热而烧坏，同时在二次绕组中会感应出高电压，危及操作人员和设备的安全，由于剩磁影响，将使电流互感器的误差性能变坏。

**La2F3005　三相四线制供电系统中，中性线的作用是什么？为什么中性线上不允许装隔离开关和熔断器？**

**答**：按题意分述如下。

（1）三相四线制供电系统中性线的作用，是做单相负荷的零线或当不对称的三相负载接成星形连接时能使每相的相电压保持对称。

（2）在有中性点接地的电路中，偶然发生一相断线，也只影响本相的负载，而其他两相的电压保持不变。但如果中性线因某种原因断开，则当各相负载不对称时，势必引起中性点位移，造成各相电压的不对称，破坏各相负载的正常运行甚至烧坏电气设备。而在实际运行中，负载大多是不对称的，所以中性线不允许装隔离开关和熔断器，以防止出现中性线断路故障。

（3）当负载为三相三线，而电能表为三相四线表时，若果中性线断开，则电能表产生计量误差。

**La2F3006　什么叫电动机的星形接法和三角形接法？接错了有什么影响？**

答：按题意分述如下。

（1）星形接法是把三相绕组的尾端接在一起，三个绕组的首端分别连接三相电源；三角形接法是把三相绕组的首尾相接，由三个连接节点分别连接三相电源。

（2）根据电动机额定电压与电网电压一致的原则，三相电动机绕组可接成星形，也可以接成三角形。如果应接成星形而错接为三角形，则每相绕组的电压升高 $\sqrt{3}$ 倍，电流大大增加会将电动机烧毁。如果应接成三角形而错接为星形，则每相绕组的电压降低了 $\sqrt{3}$ 倍，电流相应降低，则电动机出力减少，如带额定负荷，同样会将电动机烧毁。

**Lb5F3007　使用电流互感器时应注意什么？**

答：应注意以下事项。

（1）选择电流互感器的变比要适当，二次负载容量要大于额定容量的下限和小于额定容量的上限，即 $25\%\sim100\%$ 之间，要选择符合规程规定的准确度等级，以确保测量的准确性。

（2）电流互感器一次绕组串接在线路中，二次绕组串接于测量仪表的电流回路中，接线时要注意极性正确，尤其是电能表、功率表的极性不能接错。

（3）电流互感器运行时在二次回路上工作，严禁开路，以确保人身和设备安全；如需要校验或更换电流互感器二次回路中的测量仪表时，应先用短接线或短路片将电流互感器二次回路短路，严禁用导线缠绕。

（4）电流互感器二次侧应有一端接地，以防止一、二次绕阻之间绝缘击穿危及人身和设备的安全。

**Lb5F3008** 在现场没有仪器设备的情况下,用什么方法可以初步判定三相三线有功电能表的接线是否正确?

**答**:在现场没有仪器设备的情况下,可以用断开 V 相电压的方法进行判断,如果断开 V 相电压后,电能表的转盘转速比未断开前慢一倍,则认为电能表接线正确,如不是一倍的关系,需要进一步检查接线,还可用交换 U、W 相电压的方法,此时电能表基本不转。

**Lb5F3009** 为什么有些低压线路中用了自动空气断路器后,还要串联交流接触器?

**答**:这要从自动空气断路器和交流接触器的性能说起。自动空气断路器有过载、短路和失压保护功能,但在结构上它着重提高了灭弧性能,不适宜于频繁操作;而交流接触器没有过载、短路和失压保护功能,但适用于频繁操作;因此,有些需要在正常工作电流下进行频繁操作的场所,常采用在自动空气断路器后面串联交流接触器的接线方式。这样既能由交流接触器承担工作电流的频繁接通和断开,又能由自动空气断路器承担过载、短路和失压保护。

**Lb5F3010** 为何要记录用户正反向无功电量?

**答**:凡执行功率因数调整电费的用户,按照《功率因数调整电费办法》中所要求的"凡装有无功补偿设备,并且有可能向电网倒送无功电能的用户,随其负荷和电压变动及时投入或切除部分无功补偿设备,供电企业除应在计费计量点加装带有防倒装置的正向无功表外,还要加装带有防倒装置的反向无功表,按正向无功表和反向无功表所记录的电量绝对值之和,计算月平均功率因数"。将带防倒装置的正、反向两个无功表合二为一,成为一个带正反向字车的无功电能表,达到计量倒送无功电量与实用无功电量两者绝对值之和的目的。

**Lb5F4011 瓷底胶盖闸刀开关适用于哪些场合？在安装上要注意些什么？**

答：按题意分述如下。

（1）它主要用于小容量照明电路和不频繁操作的小电动机控制。

（2）用于 220V 照明电路的要用 250V 的额定电压；用于小电动机的要选用 500V 的额定电压，同时额定电流要大于电动机额定电流的 2~3 倍；由于熔丝熔断时可能造成电弧相间短路，所以熔丝部位应用铜丝并接，在外部另加瓷插式或其他型式的熔断器；闸刀不应倒装和横装，以有利灭弧和防止闸刀拉开时由于可动刀片的重力作用而误合；胶盖能防止电弧飞出，所以一定要完整并盖好；上接线端子应接电源。

**Lb5F4012 试述低压开关的选用有哪些具体要求？**

答：其具体要求如下。

（1）额定电压、额定电流、关合分断短路电流，要大于等于使用电流和最大计算电流；大于、等于电路使用地点可能发生的短路电流。

（2）要满足使用环境的要求。有的安装地点干燥清洁、有的潮湿或高温、有的有粉尘或腐蚀性气体、有的场所易燃易爆，为确保安全就要选用不同的维护结构。为防止异物进入和人体接触带电部位，对开关外壳还有一个防护等级要选择。

（3）要考虑操作的频繁程度和对保护的要求。如不频繁操作的小容量照明回路和小动力回路可用刀开关；配电支路可用塑壳型自动空气断路器，它体积小、防护性能好；频繁操作的电动机控制可用接触器操作，另加熔断器等保护电器；对保护要求高、整流容量要求大的则可用 DW 型自动空气断路器。

**Lb5F4013 送电时，先合断路器哪一侧隔离开关？为什么？**

答：送电时，应先合电源侧隔离开关。这是因为：①如果断路器已在合闸位置，在合两侧的隔离开关时，会造成带负荷合隔离开关。如果先合负荷侧隔离开关，后合电源侧隔离开关，一旦带负荷合隔离开关发生弧光短路，将造成断路器电源侧事故，使上一级断路器跳闸，扩大事故范围。②如果先合电源侧隔离开关，后合负荷侧隔离开关，在负荷侧的隔离开关可能发生弧光短路，因弧光短路点在断路器的负荷侧，保护装置可使断路器跳闸其他设备可照常供电，缩小了事故范围。所以送电时，应先合电源侧隔离开关。

### Lb5F4014　交流接触器铁芯上的短路环起什么作用？

**答**：交流接触器的励磁线圈通入的是单相交流电。当交流电瞬间过零时，电磁吸力则为零，电磁衔铁会瞬间释放，从而使交流接触器产生振动和噪声。同时，触头也会因触点抖动接触不良造成烧蚀。为了避免这种情况，在接触器铁芯柱端面上嵌装一个自成闭合回路的铜环，即短路环。短路环的作用是，它所产生的感应电流与接触器励磁线圈中电流的相位不相同，因而磁通的相位也不相同。这样，当随着线圈电流过零时，铜环中的感应电流不为零，由它产生的磁通也不为零，此磁通产生足够的电磁力将衔铁吸住，使铁芯的振动和噪声大大减少。短路环对提高交流接触器的工作质量起着很大的作用。

### Lb5F4015　停电时，先拉开断路器的哪一侧隔离开关？为什么？

**答**：停电时，断开断路器后，应先拉负荷侧的隔离开关。这是因为在拉开隔离开关的过程中，可能出现两种错误操作：一种是断路器实际尚未断开，而造成先拉隔离开关；另一种是断路器虽然已断开，但当操作隔离开关时，因走错间隔而拉了未停电设备的隔离开关。无论是上述哪种情况，都将造成带负荷拉隔离开关，可能造成弧光短路事故。

（1）如果先拉电源侧隔离开关，则弧光短路点在断路器的电源侧，将造成电源侧短路，使上一级断路器跳闸，扩大了事故停电范围。

（2）如先拉负荷侧隔离开关，则弧光短路在断路器的负荷侧，保护装置动作断路器跳闸，其他设备可照常供电。这样，即使出现上述两种错误操作的情况下，也能尽量缩小事故范围。

**Lb5F5016　应如何处理故障电容器？**

**答**：其处理方法如下。

（1）电力电容器在运行中发生故障时，应立即退出运行。首先要拉开断路器及两侧隔离开关，如采用了熔断器保护，则应取下熔断器。

（2）电容器组虽然已经经过放电装置放电，但仍然会有部分残余电荷，因此必须进行人工放电。

（3）放电时，应先将接地线的接地端与接地网接好，然后再用接地棒多次对电容器放电，直至无火花和放电声为止，再将接地线固定好。

（4）还应注意，电容器如果是内部断线、熔丝熔断或引起接触不良，其两极间还可能有残余电荷，这样在自动放电或人工放电时，它的残余电荷是不会放掉的。所以运行或检修人员在接触故障电容器前，还应戴好绝缘手套，用短路线短路故障电容器的两极，使其放电。

（5）此外，对串联接线的电容器也应单独放电。

总之，处理故障电容器时，应注意将电容器两极间残存的电荷放尽，以避免发生触电事故。

**Lb5F5017　如何保证电能表接入二次回路的可靠性？**

**答**：为保证电能表接入二次回路的可靠性，应按以下要求做。

（1）二次回路的导线必须使用单芯铜质绝缘线，不允许使用铝线，而且二次回路导线必须保证一定的机械强度和载流能力。为此电压二次回路导线截面不得小于 2.5mm$^2$，电流二次回路的导线截面不得小于 4mm$^2$。

（2）二次回路的配线应整齐可靠，绝缘应良好，且不应受腐蚀性流体、气体的侵蚀。电能表专用的电流、电压二次回路中所有接头都应有电业部门加封，用电单位不得擅自启封更改。

（3）电能表与互感器之间的连接导线应尽可能短，最好采用铠装电缆。

**Lb5F5018　电能表安装的一般规定是什么？**

**答**：电能表安装的一般规定如下。

（1）电能表的安装地点应尽量靠近计量电能的电流和电压互感器。电能表应装在安全、周围环境干燥、光线明亮及便于抄录的地方；必须装在牢固不受振动的墙上，还要考虑维修电表工作的安全，如表位与开关之间的距离不要太近，防止抄表及现场检验时工作人员误碰开关，造成用户停电。

（2）为使电能表能在带负荷情况下装拆、校验，电能表与电流和电压互感器之间连接的二次导线中间应装有联合接线盒。

（3）无功电能表接线时，应根据各类型无功电能表规定的相序进行接线。

**Lb5F5019　为什么在三相四线制线路中零线截面积应合理选取？取多大为宜？**

**答**：三相四线制供电线路，通常就是指带有零线的三相低压线路。

（1）在这类线路的负荷构成中，单相负载占有很大比重，而且由于用电时间上的差异，各相负荷经常处于不平衡状态，有时甚至差别很大。因此，零线上经常会有电流流过，如果零线截面选择不当，就容易发生烧断零线事故。

（2）零线截面取多大为合适呢？一般情况下，零线截面不应小于相线截面的 50%。对于单相线路或接有单台容量比较大的单相用电设备线路，零线截面应和相线截面相同为宜。

**Lb5F5020　低压机电式单相、三相电能表安装竣工，通电检查的内容有哪些？**

**答**：其通电检查的内容如下。

（1）用验电笔测单相、三相电能表相线、中性（零）线是否接对，外壳、零线端子上应无电压。

（2）用万用表在电能表接线盒内测量电压是否正常；三相电能表用相序表核（复）查相序的正确性。

（3）空载检查电能表是否空走，即电压线圈有电压、电流线圈无电流情况下圆盘不能转过一圈。

（4）带负载检查电能表是否正转及表速是否正常，有否倒转、停走情况。三相四线电能表如为直读表，因不带电流互感器一般直观检查即可发现问题。由于电压线圈和电流线圈用接线盒内连接片连接，不会有接不同相的情况，带电流互感器接线，主要检查电压、电流线圈是否接在同一相以及电压或电流互感器极性有否接反，然后采用力矩判断方法，先打开一相电压使表速慢约 1/3，再打开一相表速更慢一点。三相二元件电能表可先断开中相（V 相）电压，此时电能表应慢走一半，某种错误接线下，断开中相也有这种情况。

（5）接线盖板、电能表箱等按规定加封。

**Lb4F3021　怎样正确选配变压器容量？**

**答**：其选配方法如下。

（1）根据用电负荷情况，一般用电负荷应为变压器额定容量的 75%～90%左右。动力用电需要考虑单台大容量电动机的起动问题，应选择大一些的变压器，以适应电动机启动电流的需要。

（2）要考虑用电设备的同时率使变压器的容量得到充分利

用。如实测负载小于变压器额定容量的一半时应换小容量变压器；若大于额定容量时，应换大变压器。

**Lb4F3022** 在现场测试运行中的电能表，而使用标准电能表时，应遵守哪些规定？

**答**：在现场用标准电能表测定电度表误差应遵守下列规定：

（1）标准电能表必须具备运输和保管中的防尘、防潮和防振措施，且附有温度计。

（2）标准电能表必须按固定相序使用，并且有明显的相别标志。

（3）标准电能表和试验端子之间的连接导线应有良好的绝缘，中间不允许有接头，亦应有明显的极性和相别标志。

（4）标准电能表接入电路的通电预热时间，除在标准电能表的使用说明中另有明确规定者外，应按电压线路加额定电压不少于 60min，电流线路通以标定电流不少于 15min 的规定执行。

（5）电压回路的连接导线以及操动开关的接触电阻、引线电阻之总和不应大于 0.2，必要时也可以与标准电能表连接在一起校准。

**Lb4F3023** 现场检查时，遇到哪些计量方式可认为是不合理计量方式？

**答**：（1）电流互感器变比过大，致使电度表经常在 1/3 标定电流以下运行的，以及电度表与其他二次设备共用一组电流互感器的。

（2）电压与电流互感器分别接在电力变压器不同电压侧的，以及不同的母线共用一组电压互感器的。

（3）无功电度表与双向计量的有功电度表无止逆器。

（4）电压互感器的额定电压与线路额定电压不相符的。

**Lb4F3024 什么是保护接地？哪些电气设备需要保护接地？**

答：为防止因电气设备绝缘损坏而使人遭受触电的危险，将电气设备的金属外壳与接地体连接，称为保护接地。

下列电气设备和用电器具的外露可导电部分均应通过保护线（PE）接地（如 TT、IT 系统）或接到中性线上（TN 系统）。

（1）变压器、电动机、电器、手握式及移动式电器。

（2）电力设备的传动装置。

（3）配电装置的金属框架、配电屏及保护控制屏的框架。

（4）配电线的金属保护管、开关金属接线盒等。

**Lb4F3025 选择电流互感器有哪些要求？**

答：有如下要求。

（1）电流互感器的额定电压应与运行电压相同。

（2）根据预计的负荷电流，选择电流互感器的变比。其额定一次电流的确定，应保证其在正常运行中的实际负荷电流达到额定值的 60%左右，至少应不小于 30%，否则应选用动热稳定电流互感器以减小变比。

（3）电流互感器的准确度等级应符合 DL/T 448—2000《电能计量装置技术管理规程》规定的要求；

（4）电流互感器实际二次负荷应在 25%～100%额定二次负荷范围内；额定二次负荷的功率因数应为 0.8～1.0 之间。

（5）应满足动稳定和热稳定的要求。

**Lb4F3026 什么叫配电装置？它都包括哪些设备？**

答：变配电所内用于接受和分配电能的各种电气设备统称为配电装置。它是按照电气主接线的要求，由各种电气设备构成的。其中包括：

（1）开关设备：断路器、隔离开关等。

（2）保护设备：熔断器、避雷器等。

（3）测量设备：电压互感器、电流互感器等。

（4）母线装置及其必要的辅助设备。

**Lb4F3027** 低压电气设备正常工作对哪些环境因素有要求？

**答**：对以下环境因素有要求。

（1）环境温度和空气的相对湿度。

（2）设备安装地点应无显著的冲击振动。

（3）设备附近应无腐蚀性的气体、液体及灰尘，其周围应无爆炸危险的介质。

（4）不应受到雨雪侵袭。

（5）海拔一般不超过 1000m。

**Lb4F3028** 什么叫电流互感器的减极性？为什么要测量电流互感器的极性？

**答**：按题意分述如下。

（1）电流互感器的极性是指它的一次绕组与二次绕组间电流方向的关系。所谓减极性，是指当一次电流从一次绕组首端流入、从尾端流出时二次电流则从二次绕组首端流出、从尾端流入。一、二次电流在铁芯中产生的磁通方向相反，称为减极性。

（2）电流互感器极性是否正确，实际上是反映二次回路中电流瞬时方向是否按应有的方向流动。如果极性接错，则二次回路中电流的瞬时值按反方向流动，将可能使有电流方向要求的继电保护装置拒动和误动或者造成电能表计量错误。所以，应认真测量并明确标明电流互感器的极性。

**Lb4F3029** 何谓长寿命技术电能表？它与普通电能表相比有什么部件不同？安装它后有何意义？

**答**：按题意分述如下。

（1）长寿命技术电能表是一种新型的电能表。

（2）与普通电能表相比，它采用了磁推轴承和新型的铁芯结构，采用了新技术、新材料，所以其寿命比普通电能表要长许多，功耗要小得多。

（3）由于制造厂家对电能表的寿命有保证，所以其轮换使用周期都可以延长，从而节省了大量的人力、物力，具有显著的经济和社会效益。

**Lb4F4030　二次回路的任务是什么？二次回路的识图原则是什么？**

答：二次回路也称二次接线。它是由计量表计、测量仪表、控制开关、自动装置、接线电缆等元件组成的电气连接回路。二次回路的任务是通过对一次回路的监察、测量来反映一次回路的工作状态，并控制一次系统。当一次回路发生故障时，自动保护装置能将故障部分迅速切除，并发信号，保证一次设备安全、可靠、经济、合理地运行。

二次回路的识图原则如下：

（1）全图：由上往下看，由左往右看。

（2）各行：从左往右看。

（3）电源：先交流后直流，从正电源至负电源。

**Lb4F4031　选择进户点有哪些要求？**

答：选择进户点应注意如下几点。

（1）进户点应尽量靠近供电线路和用电负荷中心，与邻近房屋的进户点尽可能取得一致。

（2）同一个单位的一个建筑物内部相连通的房屋，多层住宅的每一个单元、同一围墙内、同一用户的所有相邻独立的建筑物，设置一个进户点，特殊情况除外。备用电源的设置，虽是同一围墙内非同一用户的大型独立建筑物等，应视作特殊情况。

（3）进户点处的建筑应牢固不漏水。

（4）进户点的位置应明显易见，便于施工操作和维修。

**Lb3F3032　简述自动低压自动空气断路器的选用原则。**

**答**：自动空气断路器是一种额定电流大、保护功能好、切断短路电流大、以空气为绝缘和灭弧介质的断路器。

选用自动空气断路器时要依据以下原则：

（1）额定电压≥线路额定电压。

（2）额定电流≥最大负荷电流。

（3）额定分断电流≥线路中最大短路电流。

（4）断路器的分励脱扣器、电磁铁、电动传动机构的额定电压等于控制电源电压。

（5）欠压脱扣器额定电压等于线路额定电压。

（6）脱扣器整定值符合要求。

**Lb3F3033　10kV 及以上等级电压互感器二次侧为什么要有一点接地？**

**答**：10kV 及以上等级电压互感器一次绕组长期接在高压系统中运行，如果其绝缘在运行电压或过电压下发生击穿，那么高压就会窜入二次回路，将使额定电压只有 100V 的二次侧及其回路无法承受这一高电压，必然会损坏二次回路中的仪表等电器，同时对人身安全也有威胁。为了防止这种情况的发生，在二次侧选择一点接地。这是一种既不妨碍运行，又可保证人身设备安全可靠的措施，所以，10kV 及以上电压等级的电压互感器二次侧必须有一点要接地。

**Lb3F3034　电流、电压互感器二次回路有哪些技术要求？**

**答**：其技术要求如下。

（1）互感器接线方式。对于接入中性点绝缘系统的 3 台电压互感器，35kV 及以上的宜采用 Yy 方式接线，35kV 以下的宜采用 V/v 方式接线。接入非中性点绝缘系统的 3 台电压互感器，宜采用 $Y_{0y0}$ 方式接线。对于三相三线制接线的电能计量装置，其 2 台电流互感器二次绕组与电能表之间宜采用四线连接。对于三相四线制连接的电能计量装置，其 3 台电流互感器二次绕组与电能表之间宜采用六线连接。

（2）35kV 以上计费用电压互感器二次回路，应不装设隔离开关辅助触点，但可装设熔断器，宜装快速熔断器；35kV 及以下计费电压互感器二次回路，不得装设隔离开关辅助触点和熔断器；35kV 及以下用户应用专用计费互感器；35kV 及以上用户应有电流互感器的专用二次绕组和电压互感器的专用二次回路，不得与保护、测量回路共用。

（3）导线中间不得有接头。

（4）色相。导线最好用黄、绿、红相色线，中性线用黑色线。

（5）接地。为了人身安全，互感器二次要有一点接地且只有一点接地，金属外壳也要接地，如互感器装在金属支架或板上，可将金属支架或板接地。低压计量电流互感器二次不需接地。电压互感器 V/v 接线在 V 相接地，Yyn0 接线在中性线上接地。电流互感器则将 2 或 3 只互感器的 $S_2$ 端连起来接地。计费用互感器都在互感器二次端钮处直接接地，其他的一般在端子排上接地。

（6）互感器二次回路应采用单芯铜质绝缘线连接，对电流互感器连接导线的截面积应不小于 $4mm^2$，对电压二次回路连接导线的截面积应按照允许的电压降计算确定，至少应不小于 $2.5mm^2$。

**Lb3F3035** 无线电负荷控制中心对双向终端用户如何实行反窃电监控？

**答**：由于双向终端不仅可以接受并执行负控中心的各项命令，还能将用户的用电情况随时传送到负控中心，因此：

（1）监察员可在负控中心远程调出用户当时的负荷曲线，根据其行业生产的特点、用电时间，并和以往的负荷曲线进行比较。通过分析不难判断该用户用电情况是否正常、是否有窃电嫌疑。

（2）对于用电量有大幅下降的用户，应重点监控，并在可疑时间内进行突击检查。

**Lb3F4036** 电压互感器在运行中可能发生哪些异常和故障？原因是什么？

答：电压互感器由于其制造检修质量不良，维护、使用不当，在运行中可能发生以下异常和故障。

（1）异音：正常运行的电压互感器是不会有声音的。当电压互感器的外部瓷绝缘部分放电而发出"吱吱"的响声和放电火花时，一般是由于外部瓷绝缘部分脏污或在雨、雪、雾天气情况下发生。

（2）电压互感器的一次或二次熔丝熔断。其原因是：电压互感器的一次或二次线圈匝间、层间、绕组之间有短路故障；一次或二次系统某相接地，使得其他两相电压升高；熔丝本身的质量不良或机械性损伤而熔断。

（3）油浸式电压互感器油面低于监视线。其原因是电压互感器外壳焊缝、油堵等处有漏、渗油现象；由于多次试验时取油样，致使油量减少。

（4）油浸式电压互感器油色不正常，如变深、变黑等，说明绝缘油老化变质。

（5）电压互感器二次侧三相电压不相等。其原因是由于电压互感器接线错误、极性接错所致；由于电压互感器一、二次回路有一相断线或接触不良；由于一次回路或系统中有一相接地所致。

**Lb2F3037** 电子式电能表与感应式电能表相比有何优势？
答：（1）电子式电能表更能适应于恶劣的工作环境。

（2）电子式电能表易于安装，尤其对安装位置的垂直度要求没有机械表高。

（3）电子式电能表易于实现防窃电功能。

（4）电子式电能表易于实现多功能计量。

（5）电子式电能表的安装、调试简单，易大批量生产。

（6）电子式电能表能长期稳定地运行。

（7）电子式电能表可实现较宽的负载。

**Lb2F4038**　用三只单相电能表计量有功电能，接线正确，但其中有一只电能表的铝盘反转是什么原因？请以单相电焊机为例说明。

**答**：其原因如下。

（1）在三相四线制系统中，采用三只单相电能表计量有功电能，在接线正确的前提下，由于负荷极端不对称和功率因数过低，可能会使其中一只电能表反转，这是正常现象。这时，总电量为三只单相电能表读数的代数和。

（2）下面以负荷是单相（380V）电焊机为例，说明这种情况。若在 UV 相间接入单相电焊机，其功率因数为 $\cos\varphi$，W 相无负荷，这时通过第一只电能表的功率为 $P_{UV}=U_U I_{UV}\cos(\varphi-30°)$；通过第二只电能表的功率为 $P_{VU}=U_V I_{VU}\cos(\varphi+30°)$。当电焊机的功率因数 $\cos\varphi$ 低于 0.5（即 $\varphi>60°$）时，$U_V$ 与 $I_{VU}$ 的夹角将大于 90°，则 $P_{VU}$ 为负值，第二只电能表将反转，电焊机消耗的有功电能为两只单相表读数的代数和。

**Lb1F4039**　减少运行中电能计量装置综合误差的措施有哪些？

**答**：减少运行中电能计量装置综合误差的措施有以下几个方面。

（1）将电能表误差、互感器合成误差、TV 二次回路压降合成误差等综合考虑，尽可能相互抵消。

（2）配对原则是：电流互感器和电压互感器的比差符号相反，大小相等，角差符号相同，大小相等。

（3）互感器的二次负载应小于额定值，应在额定值的 25%～100%范围内。

（4）计量回路要独立，电流回路要与继电保护、远动装置等分开，电压回路要放专线，导线截面应按 DL/T 448—2000《电能计量装置技术管理规程》要求选择电压二次回路压降值应符合要求。

### Lc1F3040　谐波的危害有哪些？

**答**：带有谐波源电气设备接入电网以后向电网注入谐波电流，谐波电流在电网阻抗上产生谐波电压，谐波电压叠加在正弦波形的 50Hz 电网上，并施加在所有接于该电网的电气设备端，对这些设备的正常工作产生影响甚至危害，主要会引起电器设备损耗增加，产生局部过热，导致电热器和电动机的过早损坏；电机的机械震动增大，噪声增强，造成工作环境噪声污染；对电子元件产生干扰，引起工作失常；对自动装置或测量仪表产生干扰，造成测量误差增加，自动装置误动；产生谐波的用户，计量装置将少计电量，接受谐波的用户，计量装置将多计电量；对电视广播和通信产生干扰，图像和通信质量下降。

### Lc1F4041　为什么要进行电力需求预测？

**答**：国计民生对某种产品的需求预测，是生产该产品的企业经营决策和规划运作的基础。由于电能这种特殊商品具有产、供、销瞬间同时进行和动态变化的特点，所以电力负荷预测就显得尤为重要，且有相当的难度。

（1）供电企业准确的电力负荷预测便于经济合理编制电网内发电机组的开停计划，保持电网的安全稳定运行，减少不必要的旋转备用容量；同时便于合理安排机组检修计划，有效降

229

低发电成本，保证社会的正常生产和生活，提高经济效益和社会效益。

（2）电网的需求预测是电力建设规划的依据。与地区经济和社会发展相适应的电源建设和为构筑安全可靠、适应能力强、结构合理、满足用电需要的电网网架建设，其前期的起步工作都是要做好负荷预测工作。

（3）在我国电力告别"短缺经济"走向电力市场的今天，电力工业的进一步发展，不再是仅仅决定于以电源建设为中心的电力供给能力的发展，而是更加决定于广大用电客户对电力的需求发展。所以电力负荷需求预测的工作水平已经成为衡量电力企业用电管理是否现代化的显著标志之一，因此必须加大力度，科学预测电力市场的有效需求。

**Lc1F5042　如何按季节特点采取季节性反事故措施？**

答：由于电气事故的发生体现明显的季节性，所以要针对性地制定和采取季节性反事故措施。其一般内容如下：

（1）雷雨季节前，结合春季检修和预防性试验可做好防雷设施检修、测试和投入工作；检查设备绝缘、更换损坏的瓷式绝缘子；检查接地装置；做好变、配电所的防洪、防漏，线路杆塔的防洪加固工作。

（2）高温季节前做好导线弧垂的检查工作，测量是否符合交叉、跨越规定值；对满负荷和可能过负荷运行的线路和设备，加强接头检查和温度监视；高峰负荷到来前做好调整设备等准备工作。

（3）冬、春严寒季节前，主要围绕反污、防寒问题做好检查室外充油设备的缺油、漏油、污秽情况；清理周围环境；清扫线路和设备的瓷式绝缘子，防止雨雪的污闪事故；对注油设备的管道、阀门进行放水检查，防止冻坏等工作。

**Lc1F4043　由于计费计量的互感器、电能表的误差及其连**

接线电压降超出允许范围或其他非人为原因致使计量记录不准时，供电企业应如何退补相应电量的电费？

**答**：供电企业应按下列规定退补相应电量的电费：

（1）互感器或电能表误差超出允许范围时，以"0"误差为基准，按验证后的误差值退补电量。退补时间从上次校验或换装后投入之日起至误差更正之日止的 1/2 时间计算。

（2）连接线的电压降超出允许范围时，以允许电压降为基准，按验证后实际值与允许值之差补收电量。补收时间从连接线投入或负荷增加之日起至电压降更正之日止。

（3）其他非人为原因致使计量记录不准时，以用户正常月份的用电量为基准，退补电量，退补时间按抄表记录确定。

退补期间，用户先按抄表电量如期交纳电费，误差确定后，再行退补。

**Jd5F3044　试比较铜芯线与铝芯线性能，哪些场所必须使用铜芯线？**

**答**：铜芯线导电性能好，接头不易发热；铝芯线易氧化，当铜铝连接时会产生电化腐蚀，接头易发热，是铝芯线的弱点，但其轻而便宜，由于国家资源关系，目前还是实行以"铝代铜"政策。因铜芯线接头施工简单，可靠，其使用范围有扩大趋势。下列场所一定要使用铜芯线：

（1）易燃、易爆场合。

（2）重要的建筑，重要的资料室、档案室、库房。

（3）人员聚集的公共场所、娱乐场所、舞台照明。

（4）计量等二次回路。

**Jd5F3045　进户线截面积选择的具体原则是什么？**

**答**：进户线截面积的选择原则如下。

（1）电灯及电热负荷：导线的安全载流量不小于 0.8～1.0 倍所有用电器具的额定电流之和。

（2）动力负荷：当只有一台电动机时，导线的安全载流量不小于 1.2～1.5 倍电动机的额定电流量；当有多台电动机时，导线的安全载流量不小于 1.2～1.5 倍容量最大的一台电动机的额定电流＋其余电动机的计算负荷电流之和。

**Le5F5046　安装竣工后的低压单相、三相电能表，在停电状态下检查的内容有哪些？**

答：检查的内容如下。

（1）复核所装电能表、互感器及互感器所装相别是否和工作单上所列相符，并核对电能表字码的正确性。

（2）检查电能表和互感器的接线螺钉、螺栓是否拧紧，互感器一次端子垫圈和弹簧圈有否缺失。

（3）检查电能表、互感器安装是否牢固，电能表倾斜度是否超过 1°。

（4）检查电能表的接线是否正确，特别要注意极性标志和电压、电流线头所接相位是否对应。

（5）核对电能表倍率是否正确。

（6）检查二次导线截面电压回路是否为 $2.5mm^2$ 以上，电流回路是否为 $4mm^2$ 及以上，中间不能有接头和施工伤痕。接地是否良好。

**Je4F5047　带电压更换单相电能表的主要施工步骤和注意点是什么？**

答：按题意分述如下。

（1）拉开用户负荷侧隔离开关，切断负荷。

（2）先将电能表相线进线抽去，抽出时注意不要碰地、碰壳，抽出的带电线头分别用绝缘套套好，再抽其零线和负荷出线。带互感器电能表虽已无负荷电流，最好先用夹子线将电流互感器二次端子短接，然后再拆线。

（3）拆下待换电能表，装上新的电能表。

（4）接上零线和电流线圈出线，再接上电源相线。带电流互感器电能表在接二次电流线后拆去互感器二次端子上的短路夹子，再接电压线。

（5）检查电能表是否空走，然后合上负荷侧隔离开关，开灯检查电能表是否正常转动、有无脉冲指示闪烁。完毕后加封，填写工作单。

### Jd4F3048　怎样装设接地线？

**答**：当验明设备无电后，对于可能送电到停电设备的各方面或停电设备可能产生感应电压的都要装设接地线，所装接地线与带电部分之间应符合安全距离的规定。装设接地线时，必须由两人进行，先接接地端，后接导体端；拆接地线时，与此顺序相反。接地线应采用多股软裸铜线，其截面应符合短路电流的要求，但不得小于 $25mm^2$。

### Jd4F4049　使用兆欧表测量绝缘电阻时应注意哪些事项？

**答**：应注意以下几个方面。

（1）测量设备的绝缘电阻时，必须先切断电源。对具有电容性质的设备（如电缆线路），必须先进行放电。

（2）绝缘电阻表必须放在水平位置。在未接线之前，先转动兆欧表看指针是否在"∞"处。再将 L 和 E 两接线柱短路，慢慢地转动兆欧表，看指针是否指在"零"位。

（3）绝缘电阻表引线应用多股软线，而且要有良好绝缘。两根线不要绞在一起，以免引起测量误差。

（4）测量电容器、电缆、大容量变压器和电机时，要有一定的充电时间。电容量愈大，充电时间愈长。一般以绝缘电阻表转动 1min 后读数为准。

（5）在摇测绝缘时，应使绝缘电阻表保持一定的转速，一般为 120r/min。

（6）被测物表面应擦拭清洁，不得有污物，以免漏电，影响测量的准确度。

**Je5F3050　调换电能表和表尾线应注意哪些事项？**

**答：** 调换电能表及更换表尾线时，应先拆开电源侧，后拆负荷侧；回复时，先接负荷侧，后接电源侧。工作前应先做好标记，恢复时按标记进行接线。更换表尾线时，应按电能表及电流互感器的实际容量更换；在金属配电盘内工作时，应先做好安全措施，以免造成短路或接地。工作完后，应进行接线检查，确认正确后再行送电，并检查电能表运行是否正常。

**Je4F4051　与单相电能表的零线接线方法相比，作为总表的三相四线有功电能表零线接法有什么不同，为什么？**

**答：** 按题意回答如下。

（1）单相电能表的零线接法是将零线剪断，再接入电能表的 3、4 端子。

（2）三相四线有功电能表零线接法是零线不剪断，只在零线上用不小于 $2.5mm^2$ 的铜芯绝缘线 T 接到三相四线电能表零线端子上，以供电能表电压元件回路使用。零线在中间没有断口的情况下直接接到用户设备上。

（3）两种电能表零线采用不同接法，是因为三相四线电能表若零线剪断接入或在电能表里接触不良，容易造成零线断开事实，结果会使负载中点和电源中点不重合，负载上承受的电压出现不平衡，有的过电压、有的欠电压，因此设备不能正常工作，承受过电压的设备甚至还会被烧毁。

**Je4F4052　试述常用熔断器的特点和使用范围？**

**答：** 熔断器的额定电压和额定电流应与被保护电路相配合，熔断器熔丝或熔体的额定电流不应大于熔断器的额定电流。

一般常用的熔断器是 RC 型瓷插式熔断器。它结构简单、更换熔丝方便，广泛应用于照明、电热电路及小容量电动机电路中，由于它没有特殊的灭弧装置，所以能分断的短路电流小。RL 系列螺旋型熔断器，熔管内填充石英砂，额定电流和分断短路电流能力大，所以常用在动力回路中作保护。RTO 型熔断器，切断电流能力更大，常用于配电室保护配电线路。

**Je3F3053　使用仪用电压互感器应该注意些什么，为什么？**

答：使用仪用电压互感器应该注意的事项及原因如下。

（1）使用前应进行检定。只有通过了检定并合格的电压互感器，才能保证运行时的安全性、准确性、正确性。其试验的项目有：极性、接线组别、绝缘、误差等。

（2）二次侧应设保护接地。为防止电压互感器一、二次侧之间绝缘击穿，高电压窜入低压侧造成人身伤亡或设备损坏，电压互感器二次侧必须设保护接地。

（3）运行中的二次绕组不允许短路。由于电压互感器内阻很小，正常运行时二次侧相当于开路，电流很小。当二次绕组短路时，内阻抗变得更小，所以电流会增加许多，以致使熔丝熔断，引起电能表计量产生误差和继电保护装置的误动作。如果熔丝未能熔断，此短路电流必然烧坏电压互感器。

**Je3F5054　电压互感器高压熔断器熔丝熔断的原因是什么？**

答：高压熔断器是电压互感器的保护装置。高压熔丝熔断的原因如下。

（1）电压互感器内部发生绕组的匝间、层间或相间短路及一相接地故障。

（2）二次侧出口发生短路或当二次保护熔丝选用过大时，二次回路发生故障，而二次熔丝未熔断，可能造成电压互感器的过电流，而使高压熔丝熔断。

（3）在中性点系统中，由于高压侧发生单相接地，其他两相对地电压升高，可能使一次电流增大，而使高压熔丝熔断。

（4）系统发生铁磁谐振，电压互感器上将产生过电压或过电流，电流激增，使高压熔丝熔断；发生一相间歇性电弧接地，也可能导致电压互感器铁芯饱和，感抗下降，电流急剧增大，也会使高压熔丝熔断。

**Je3F4055　为什么接入三相四线有功电能表的中线不能与 U、V、W 中任何一根相线颠倒？如何预防？**

答：按题意回答如下。

（1）因为三相四线有功电能表接线正常时，三个电压线圈上依次加的都是相电压，即 $U_{UN}$、$U_{VN}$、$U_{WN}$。

（2）若中线与 U、V、W 中任何一根相线（如 U 相线）颠倒，则第一元件上加的电压是 $U_{NU}$，第二、第三元件上加的电压分别是 $U_{VU}$、$U_{WU}$。这样，一则错计电量，二则原来接在 V、W 相的电压线圈和负载承受的电压由 220V 上升到 380V，结果会使这些设备烧坏。

（3）为了防止中线和相线颠倒故障发生，在送电前必须用电压表准确找出中线。即三根线与第四根线的电压分别都为 220V，则第四根线就为中线。

**Je3F4056　低压三相四线制供电线路，三相四线有功电能表带电流互感器接线时应注意些什么问题，为什么？**

答：三相四线有功电能表用于中性点直接接地的三相四线制系统中应注意以下几个问题。

（1）应按正相序接线。因为当相序接错时，虽然电能表圆盘不反转，但由于表的结构以及校验方法等原因，将使表产生附加误差。

（2）中性线一定要接入电能表。如果中性线不接入电能表或断线，那么虽然电能表还会转动，但由于中性点位移，也会引起计量误差。

（3）中性线与相（火）线不能接错。否则除造成计量差错外，电能表的电压线圈还可能由于承受线电压而烧毁，同时其他两相负载也因此而烧毁。

（4）对于低压配电变压器的总电能表、农村台区变压器的总电能表，宜在电能计量的电流、电压回路中加装专用接线端子盒，以便在运行中校表。

**Je2F4057 哪些行为属于窃电？窃电量如何确定？**

答：窃电行为包括以下几项。

（1）在供电企业的供电设施上擅自接线用电。

（2）绕越供电企业用电计量装置用电。

（3）伪造或开启供电企业加封的用电计量装置封印用电。

（4）故意损坏供电企业用电计量装置。

（5）故意使供电企业用电计量装置不准或失效。

（6）采用其他方法窃电。

窃电量按下列方法确定。

（1）在供电企业的供电设施上擅自接线用电，所窃电量按私接设备容量（kVA 视同 kW）乘以实际使用时间计算确定。

（2）以其他行为窃电的，所窃电量按计费电能表额定最大电流值（kVA 视同 kW）乘以实际窃用的时间计算确定。

（3）窃电时间无法查明时，窃电日数至少以 180 天计算。每日窃电时间：动力用户按 12h 计算；照明用户按 6h 计算。

**Je2F4058 现场带电调换电能表，为何要先短接电流互感器的二次绕组，否则会出现什么后果？**

答：按题意回答如下。

运行中的电流互感器的二次侧所接负载阻抗非常小，基本处于短路状态，由于二次电流的磁通和一次电流产生的磁通互产生相去磁的结果，使铁芯中的磁通密度处在较低的水平，此时电流互感器的二次电压也很低。当运行中其二次绕组开路后，一次侧电流仍不变，而二次电流等于零，则二次磁通就消失了，这样，一次电流全部变成励磁电流，使铁芯骤然饱和，由于铁芯的严重饱和，将产生以下结果。

（1）由于磁通饱和，二次侧将产生高电压，对二次绝缘构成威胁，对设备和人员的安全产生危险。

（2）使铁芯损耗增加，发热严重，烧坏绝缘。

（3）将在铁芯中产生剩磁，使互感器的比差、角差、误差增大，影响计量准确度。

**Je1F4059**　若机电式三相无功电能表接线正确，则使表反转的原因有哪些？如何处理？

答：三相无功电能表计量的是三相电路一段时间里所消耗（生产）的无功电能。其计量的无功功率表达式为 $Q=\sqrt{3}\,UI\sin\varphi$，使机械式无功电能表反转的原因有以下几点。

（1）电流的方向发生了改变。这类用户应该安装正、反向无功电能表，即不管正向还是反向，无功电能表都正向计量其绝对值。

（2）电压相序发生改变，即由正相序变成负相序。纠正反相序的方法是将电压的任两相如 W、V（或 V、U 或 U、W）的位置颠倒一下，就变成正相序了。调相时，应注意电流的相位与电压相序对应。

（3）负载为容性，电压为正相序。这类用户应该安装正、反相无功电能表。

**Je1F5060**　插入指定预付费电能表中电卡的有效数据不能输入表内，即表不认卡，其主要原因有哪些？

答：其主要原因如下。

（1）插入时间过短。当电卡插入后很快将其拔出，造成介质和卡座接触时间太短，实际接触时间小于介质与表进行数据传输所需的时间，此时电能表视输入部分数据无效，造成表不认卡。

（2）卡座故障。当电卡插入卡座，正常时介质上的引脚会与卡座上的簧片一一对应，随之行程开关状态翻转，通知读写线路介质已和卡座完全接触正常，可以进行数据交换。当卡座上的簧片因时间久了失去弹性或接触氧化时，使介质上的引脚会与簧片不能很好地接触或行程开关不能正常地翻转，均会造成表不认卡。

（3）介质插入未到位。

（4）介质损坏。当介质损坏特别是引脚损坏时通信无法进行。

（5）通信故障。数据通信线路输入、输出阻抗不匹配或数据在传输过程中受到干扰，影响有效通信。

（6）单片机死机。

（7）整机抗干扰能力差。电子数据存储单元因受到外来干扰，数据、参数改变，造成密码不对。

**Jf5F3061** 在带电的电流互感器二次回路上工作时应采取哪些安全措施？

答：应采取以下安全措施。

（1）严禁将电流互感器二次侧开路。

（2）短路电流互感器二次绕组，必须使用短路片或短路串，短路应妥善可靠，严禁用导线缠绕。

（3）严禁在电流互感器与短路端子之间的回路和导线上进行任何工作。

（4）工作必须认真、谨慎，不得将回路的永久接地点断开。

（5）工作时，必须有专人监护，电流回路短接或打开应用仪表监视，使用绝缘工具，并站在绝缘垫上。

**Jf5F3062**　高压设备上为什么工作时要挂接地线？简述接地线装拆程序。

**答**：挂接地线是保护工作人员在工作地点防止突然来电的可靠安全措施，同时设备断开部分的剩余电荷，亦可因接地而放尽。其程序是：装接地线时，应先装接地端，后装已停电的导体端；拆接地线时，应先拆导体端，后拆接地端。

**Jf5F3063**　在现场高压电压互感器二次回路上工作时应采取哪些安全措施？

**答**：应采取以下安全措施。

（1）严格防止短路或接地。应使用绝缘工具并戴手套。必要时，工作前停用有关保护装置。

（2）接临时负载，必须装有专用的隔离开关和可熔熔断器。

**Jf5F4064**　发现有人触电怎么办？如何急救？

**答**：发现有人触电应立即使触电者脱离电源，方法如下。

（1）低压触电。应马上断开与触电者有关的电源开关，如果开关离得远，用绝缘工具（如干燥木柄斧、胶把钳等）迅速切断电源；也可用干燥衣服、手套、绳索、木棒等绝缘物，拉开触电者或挑开导线，切不可直接去拉触电者。

（2）高压（1kV 及以上电压）触电救护者不可用低压触电救护方法，应迅速通知管电人员停电或用绝缘操作杆使触电者脱离电源；脱离电源时，需防止触电者摔伤。

急救方法如下。

（1）如果触电者在脱离电源后仍有知觉，应保持安静，进行观察，必要时就地治疗。

（2）如果触电者在脱离电源后已失去知觉，但心脏跳动、有呼吸，注意保温，迅速请医生治疗。

（3）触电者呼吸停止，心脏不跳动，如果无其他致命的外伤，只能认为是假死，必须立即进行抢救，抢救以人工呼吸法和心脏按压法为主。

争取时间是关键，在请医生前来和送医院的过程中不许间断抢救。

**Jf5F5065 人体触电方式有几种？原因是什么？**

答：人体触电方式和原因有以下几种。

（1）接触电压触电。当设备外壳带电，人站在设备附近，手触及外壳，在人的手、脚之间产生一个电位差，其电位差超过人体允许安全电压时人会触电。

（2）单相触电。人体在无绝缘的情况下，直接触及三相火线中任何一相，当在中性点接地系统，人体将承受 220V 电压。

（3）相间触电。当人体与大地绝缘时，人的双手或其他部位同时触及两根不同相的线，形成相间触电。

（4）跨步电压触电。当带电设备发生某相接地时，接地电流流入大地。在距接地点不同的地表面呈现不同的电位，距离接地点越近电位越高。

当人的两脚同时踩在带有不同电位的地面两点时，就引起跨步电压，当超过人体允许的安全电压时就会触电。

**Jf4F3066 在带电的电压互感器二次回路上工作时应采取哪些安全措施？在全部停电或部分停电的电气设备上工作必须完成哪些安全技术措施？**

答：在带电的电压互感器二次回路上工作时要采取以下安全措施。

（1）严格防止相间短路或接地，工作时应使用绝缘工具，戴手套。

（2）接临时负载时，必须装有专用的开关和熔断器。

在全部停电或部分停电的电气设备上工作，必须完成以下安全技术措施。

　　（1）停电。

　　（2）验电。

　　（3）装设接地线。

　　（4）悬挂标示牌和装设遮栏。

# 技能操作试题

## 4.2.1 单项操作

行业：电力工程　　　　工种：装表接电　　　　等级：初

| 编　　号 | C05A001 | 行为领域 | e | 鉴定范围 | 2 |
|---|---|---|---|---|---|
| 考核时限 | 15min | 题　　型 | A | 题　　分 | 20 |
| 试题正文 | 导线与螺钉平压式接线桩的连接 | | | | |
| 需要<br>说明的问<br>题和要求 | 独立操作 | | | | |
| 工具、材料、<br>设备场地 | 1. 自带常用工具<br>2. 材料现场提供（16mm² 铜芯皮线，ϕ10mm 螺丝，垫圈） | | | | |
| 评<br>分<br>标<br>准 | 序号 | 项　目　名　称 | | | 满分 |
| | 1 | 将导线绝缘部分剥去 | | | 5 |
| | 2 | 导线弯曲圆孔恰当 | | | 5 |
| | 3 | 缠绕紧密适度 | | | 5 |
| | 4 | 剪去多余线头并压平 | | | 5 |
| | 质量<br>要求 | 1. 按图的弯曲方向应与螺钉拧紧的方向一致<br>2. 连接前应清除压接圈、接线耳和垫圈上的氧化层<br>3. 导线弯曲的圆孔内径与螺杆的间隙最大不得大于0.3mm<br>4. 将压接圈压在垫圈下面，用适当的力矩将螺丝拧紧以得到良好的接触；压接时，注意不得将导线绝缘层压入垫圈内 | | | |

| 序号 | 项 目 名 称 | 满分 |
|---|---|---|
| 评<br>分<br>标<br>准 | **质量<br>要求**<br><br>5. 压接完后对导线的裸露部分应进行包扎<br><br><br><br>图 CA-1　螺钉平压式接线桩的制作<br><br>（a）芯线近橡胶层 *l*/2 处绞紧，其余压平拉直；<br>（b）将导线弯成圆弧形；<br>（c）将导线弯成圆形，且圆孔内径与螺杆的间隙小于 0.3mm；<br>（d）导线芯线分成两组；<br>（e）芯线的一组绕芯线旋紧；<br>（f）做好的螺钉平压式接线桩 | |
| | **得分或<br>扣分**<br><br>1. 严格按照图 CA-1（a）、（b）、（c）、（d）、（e）、（f）进行操作，各得 3 分<br>2. 压接完后对导线的裸露部分进行包扎，得 2 分<br>3. 超时 5min 以内扣 10 分，超时 5min 以上不得分 | |

行业：电力工程　　　　工种：装表接电　　　　等级：初

| 编　号 | C05A002 | 行为领域 | d | 鉴定范围 | 2 |
|---|---|---|---|---|---|
| 考核时限 | 2min | 题　型 | A | 题　分 | 25 |

| 试题正文 | 目测导线截面 |
|---|---|
| 需　要<br>说明的问<br>题和要求 | 独立回答 |
| 工具、材料、<br>设备场地 | 2.5、4、6、10、16、25、35、70、95、120、150、185mm$^2$ 铜芯<br>线长各 0.3m（共十二根导线） |

| | 序号 | 项　目　名　称 | 满分 |
|---|---|---|---|
| | 1 | 准确判断出导线截面 | 5 |
| | 2 | 准确判断出导线截面 | 5 |
| | 3 | 准确判断出导线截面 | 5 |
| | 4 | 准确判断出导线截面 | 5 |
| | 5 | 准确判断出导线截面 | 5 |
| 评<br>分<br>标<br>准 | 质量<br>要求 | 1. 要求正确识别各种规格的导线<br>2. 现场随机分别出示 5 根导线，每根导线识别时间为<br>2s | |
| | 得分或<br>扣分 | 1. 每根导线截面识别错误，扣 2 分<br>2. 每根导线识别时间超过 2s，不得分 | |

行业：电力工程　　　　工种：装表接电　　　　等级：初

| 编　号 | C05A003 | 行为领域 | e | 鉴定范围 | 2 |
|---|---|---|---|---|---|
| 考核时限 | 5min | 题　型 | A | 题　分 | 20 |
| 试题正文 | 用兆欧表测电容器绝缘电阻 | | | | |
| 需　要说明的问题和要求 | 1. 独立操作<br>2. 注意安全 | | | | |
| 工具、材料、设备场地 | 1. 绝缘电阻表<br>2. 被试电容器<br>3. 毛巾<br>4. 放电短接棒线 | | | | |

| 评分标准 | | 序号 | 项　目　名　称 | 满分 |
|---|---|---|---|---|
| | | 1 | 检查绝缘电阻表 | 8 |
| | | 2 | 测绝缘电阻 | 12 |
| | 质量要求 | | 1. 断开电容器电源，并放电，无残余电荷，将其表面擦拭干净<br>2. 将接线端钮"L"和"E"开路，摇动手柄至规定转速，此时指针应指在"∞"处；再将两端钮短接，轻摇手柄，指针应在"0"处<br>3. 将电容器接在绝缘电阻表端钮"L"和"E"即可，应用绝缘良好的单根线，并尽可能短些，两根导线不能缠绕，以免引起测量误差<br>4. 以均匀速度摇动手柄，使转速尽量接近120r/min，允许20%变化，在1min后再读数。如果摇动手柄后指针即到零值，则表示绝缘已损坏，不能再继续摇动手柄；否则，将使表内线圈过流烧坏<br>5. 测电容器时，读数后一定要先断开接线后方能停止摇动；否则，电容器将通过表内的线圈放电而烧毁表计。在没有停止转动和被测设备没放电前，手不能触及设备测量部分或拆除导线，以防触电 | |
| | 得分或扣分 | | 1. 未达到质量要求，扣4分<br>2. 未达到质量要求，扣4分<br>3. 未达到质量要求，扣4分<br>4. 未达到质量要求，扣4分<br>5. 未达到质量要求，扣4分<br>6. 超时5min以内扣10分，超时5min以上不得分<br>7. 本题分数扣完为止 | |

行业：电力工程　　　　工种：装表接电　　　　等级：初

| 编　号 | C05A004 | 行为领域 | e | 鉴定范围 | 2 |
|---|---|---|---|---|---|
| 考核时限 | 2min | 题　型 | A | 题　分 | 20 |

| 试题正文 | 正确使用钳形万用表 |
|---|---|

| 需　要说明的问题和要求 | 独立操作 |
|---|---|

| 工具、材料、设备场地 | 1. 钳形万用表现场提供<br>2. 通有电流的导线三根 |
|---|---|

<table>
<tr><td rowspan="4">评分标准</td><td colspan="2">序号</td><td>项　目　名　称</td><td>满分</td></tr>
<tr><td colspan="2">1<br>2</td><td>检查钳形万用表<br>选择合适的档位和量程测量电流</td><td>5<br>15</td></tr>
<tr><td>质量要求</td><td colspan="2">1. 测量时，必须在绝缘导线上测量。如果在裸导线上测量，事先应在其他两相上加装遮护，防止钳形万用表铁芯张开时，碰到两根裸导线引起短路烧坏设备，同时防止电弧飞溅造成人身伤亡事故；被测导线必须至于钳口中部，钳口必须紧闭<br>2. 不可同时钳住两根导线<br>3. 同时还应注意，被测的电流不应超过钳形万用表所规定的数值，首先应把钳形万用表打到电流的最高挡位，然后再根据电流值的大小切换挡位，严禁带电切换挡位，否则将使仪表损坏或有触电危险</td><td></td></tr>
<tr><td>得分或扣分</td><td colspan="2">1. 测量方法正确，得 5 分<br>2. 选择合适的挡位，得 5 分<br>3. 选择合适的量程，得 5 分<br>4. 测量结果正确，得 5 分<br>5. 超过 5min 以内扣 10 分，超时 5min 以上不得分</td><td></td></tr>
</table>

| 编　　号 | C05A005 | 行为领域 | d | 鉴定范围 | 2 |
|---|---|---|---|---|---|
| 考核时限 | 2min | 题　　型 | A | 题　　分 | 10 |
| 试题正文 | 导线接头绝缘带的包缠方法 | | | | |
| 需　　要说明的问题和要求 | 独立操作 | | | | |
| 工具、材料、设备场地 | 1. 自带常用工具<br>2. 材料现场提供（绝缘导线 1m、中间留有 12cm 裸露部分，绝缘胶布） | | | | |

| | 序号 | 项　目　名　称 | 满分 |
|---|---|---|---|
| 评分标准 | 1<br>2<br>3 | 黄蜡带包缠<br>黑胶布包缠<br>检查 | 4<br>4<br>2 |
| | 质量要求 | <br>图 CA-2<br>（a）先将黄蜡带从线头的一边在完整的绝缘层上离切口 40mm 处开始包扎，黄蜡带与导线保持 55° 的斜度；<br>（b）先用黑胶布从左到右包缠；黑胶布接在尾端；<br>（c）然后从右到左包缠<br>1—导线；2—黑胶布 | |

248

| 序号 | 项目名称 | 满分 |
|---|---|---|
| **评分标准** 质量要求 | 1. 包缠的位置完整、正确<br>2. 线圈的压叠符合要求<br>3. 黑胶布与黄蜡带连接正确<br>4. 包缠紧密结实 | |
| 得分或扣分 | 1. 符合图 CA-2（a）要求，得 3 分<br>2. 符合图 CA-2（b）要求，得 3 分<br>3. 符合图 CA-2（c）要求，得 4 分<br>4. 不完全符合要求酌情扣分<br>5. 超时 5min 以内扣 10 分，超时 5min 以上不得分 | |

行业：电力工程　　　　工种：装表接电　　　　等级：初

| 编　　号 | C05A006 | 行为领域 | d | 鉴定范围 | 2 |
|---|---|---|---|---|---|
| 考核时限 | 15min | 题　型 | A | 题　分 | 20 |
| 试题正文 | 多芯铜导线的分支连接 | | | | |
| 需　要<br>说明的问<br>题和要求 | 独立操作 | | | | |
| 工具、材料、<br>设备场地 | 1. 自带常用工具<br>2. 材料现场提供 | | | | |

| | 序号 | 项　目　名　称 | 满分 |
|---|---|---|---|
| 评<br><br>分<br><br>标<br><br>准 | 1 | 将分支线按要求准备完毕 | 5 |
| | 2 | 分别向左右两端紧缠线芯 | 10 |
| | 3 | 切除多余线头，钳平线端 | 5 |
| | 质量<br>要求 | <br><br>图 CA-3　多芯铜导线的分支连接<br>（a）芯线近橡胶层 1/8 线段处绞紧，其余线段扳成伞形；<br>（b）分支芯线的线头分成两组，分别插入干线的芯线；<br>（c）右端一组芯线按顺时针方向缠 4 圈；<br>（d）左端一组芯线按逆时针方向缠 4 圈；<br>（e）做好的分支连接头 | |

250

| 序号 | 项　目　名　称 | 满分 |
|---|---|---|
| | | |

评分标准

质量要求

1. 芯线近橡胶层 1/8 线段处绞紧，其余线段扳成伞形，见图 CA-3（a）
2. 分支芯线的线头分成两组，分别插入干线芯线的线头中，见图 CA-3（b）
3. 右端一组芯线线头按顺时针方向缠绕4圈，见图 CA-3(c)
4. 左端一组芯线线头按逆时针方向缠绕4圈，见图 CA-3(d)
5. 已做好的分支连接头，见图 CA-3（e）

得分或扣分

1. 按图 CA-3（a）施工，得 5 分
2. 按图 CA-3（b）施工，得 5 分
3. 按图 CA-3（c）施工，得 5 分
4. 按图 CA-3（d）施工，得 5 分
5. 不完全符合要求酌情扣分
6. 超时 5min 以内扣 10 分，超时 5min 以上不得分

行业：电力工程　　　　工种：装表接电　　　　等级：初

| 编　号 | C05A007 | 行为领域 | e | 鉴定范围 | 3 |
|---|---|---|---|---|---|
| 考核时限 | 15min | 题　型 | A | 题　分 | 20 |
| 试题正文 | 安装单相电能表 | | | | |
| 需　要<br>说明的问<br>题和要求 | 1. 独立操作<br>2. 在配电盘上操作<br>3. 工作中应做好安全措施，否则取消考试资格 | | | | |
| 工具、材料、<br>设备场地 | 1. 自带常用工具<br>2. 材料现场提供 | | | | |

| | 序号 | 项　目　名　称 | 满分 |
|---|---|---|---|
| 评<br><br>分<br><br>标<br><br>准 | 1<br>2<br>3 | 固定表计<br>连接导线<br>检查并加封 | 5<br>10<br>5 |
| | 质量<br>要求 | 1. 接线正确无误、外观检查<br>2. 导线连接牢固，多芯线拧紧<br>3. 表计安装牢固无倾斜<br>4. 导线排列整齐<br>5. 工艺美观<br>6. 工具使用得当<br>7. 操作过程安全<br>8. 操作步骤得当<br>9. 安装完后要进行通电试验确认安装无误<br>10. 完工后进行加封<br>11. 认真填写工作单 | |
| | 得分或<br>扣分 | 1. 接线错误，不得分<br>2. 导线连接不紧，扣 2 分<br>3. 表计倾斜超过 1°，扣 3 分<br>4. 表计安装不牢固，扣 1 分<br>5. 布局不合理，扣 2 分<br>6. 各连接导线未做到横平竖直，扎带间距不等，带尾，扣<br>2 分<br>7. 导线接头金属部分外露，扣 2 分<br>8. 工具使用不当，扣 1 分<br>9. 工作步骤不合理，扣 1 分<br>10. 工作中存在不安全行为，扣 5 分<br>11. 无负载试验，未检查有无潜动，扣 3 分<br>12. 有负载试验，未检查表计运行情况，扣 3 分<br>13. 一处未加封，扣 2 分<br>14. 工作单填写错误或涂改一处，客户未签章扣 2 分<br>15. 超时 5min 以内扣 10 分，超时 5min 以上不得分<br>16. 本题分数扣完为止 | |

行业：电力工程　　　　工种：装表接电　　　　等级：中

| 编　　号 | C04A008 | 行为领域 | e | 鉴定范围 | 2 |
|---|---|---|---|---|---|
| 考核时限 | 10min | 题　　型 | A | 题　　分 | 20 |
| 试题正文 | 绝缘线穿瓷套管进户 | | | | |
| 需　要<br>说明的问<br>题和要求 | 1. 独立操作<br>2. 墙面上已有穿墙的瓷套管，瓷套管上方安装好两眼工字铁（带绝缘子）<br>3. 工作中应做好安全防护措施，否则取消考试资格 | | | | |
| 工具、材料、<br>设备场地 | 1. 自带常用工具<br>2. 材料现场提供（16mm² 多股铜芯皮线 2m，绑扎线若干） | | | | |

| | 序号 | 项　目　名　称 | 满分 |
|---|---|---|---|
| 评<br><br>分<br><br>标<br><br>准 | 1<br>2<br>3 | 将绝缘线正确穿入瓷套管、一线一管<br>绑扎点完整、正确<br>滴水弯处理恰当 | 3<br>12<br>5 |
| | 质量<br>要求 | 1. 扎线要求牢固、紧密、有序<br>2. 绝缘线进入瓷套管前端须留有余地，做滴水弯<br>3. 工艺美观 | |
| | 得分或<br>扣分 | 1. 未办安全工作票或未指明带电部分和采取安全措施，扣10 分<br>2. 绝缘线在终端绝缘子上的绕扎正确，得 4 分<br>3. 绑扎在导线上（主导线上）的扎数 8 圈，得 4 分<br>4. 绑扎在本导线上（进户线上）的扎数 4 圈，得 4 分<br>5. 进户管口与接户线的垂直距离在 0.5m 内，得 4 分<br>6. 进户线入墙处留有滴水弯，得 4 分<br>7. 不完全符合上述要求酌情扣分<br>8. 超时 5min 以内扣 10 分，超时 5min 以上不得分<br>9. 本题分数扣完为止 | |

行业：电力工程　　　　工种：装表接电　　　　等级：中

| 编　　号 | C04A009 | 行为领域 | e | 鉴定范围 | 2 |
|---|---|---|---|---|---|
| 考核时限 | 15min | 题　型 | A | 题　分 | 20 |
| 试题正文 | 登杆前的各项检查 | | | | |
| 需　要<br>说明的问<br>题和要求 | 独立操作 | | | | |
| 工具、材料、<br>设备场地 | 1. 自带常用工具<br>2. 材料现场提供，包括已立好的电杆一根，并标有线路名称、杆号，爬钩（蹬高板）、安全带各一副 | | | | |

| 评<br>分<br>标<br>准 | 序号 | 项　目　名　称 | 满分 |
|---|---|---|---|
| | 1 | 穿工作服、戴安全帽 | 5 |
| | 2 | 检查杆根、杆号 | 10 |
| | 3 | 检查安全带、爬钩（蹬高板） | 5 |
| | 质量<br>要求 | 1. 必须穿工作服、工作裤、绝缘鞋和戴安全帽<br>2. 检查杆根、检查安全带、检查爬钩（蹬高板）、检查杆号应符合规定要求 | |
| | 得分或<br>扣分 | 1. 三穿一戴缺一项，扣2分<br>2. 未检查杆根，扣3分<br>3. 未检查安全带、安全帽，扣3分<br>4. 未检查爬钩（蹬高板），扣3分<br>5. 未检查杆号，扣3分<br>6. 超时5min以内扣10分，超时5min以上不得分<br>7. 本题分数扣完为止 | |

行业：电力工程　　　　工种：装表接电　　　　等级：中

| 编　号 | C04A010 | 行为领域 | e | 鉴定范围 | 2 |
|---|---|---|---|---|---|
| 考核时限 | 25min | 题　型 | A | 题　分 | 20 |
| 试题正文 | 挂接地线 | | | | |
| 需　要说明的问题和要求 | 1. 独立操作完成<br>2. 注意安全<br>3. 户外登杆操作 | | | | |
| 工具、材料、设备场地 | 1. 裸铜线<br>2. 提供现场设备（绝缘工具、接地线、验电器等）<br>3. 工具自备 | | | | |

| | 序号 | 项　目　名　称 | 满分 |
|---|---|---|---|
| 评分标准 | 1 | 验电和选择接地点 | 5 |
| | 2 | 装设顺序 | 10 |
| | 3 | 检查接地线是否符合要求 | 5 |
| | 质量要求 | 1. 高压验电必须戴绝缘手套，应使用相应电压等级的验电器，且保证高压验电器完好（先在有电的设备上进行验电）<br>2. 正确选择接地点<br>3. 装设接地线应使用绝缘棒和戴绝缘手套。操作时，应先接接地端，后接导体端；拆除接地线时，顺序相反<br>4. 接地线应采用多股裸铜线，其截面应符合短路电流要求，且不得小于25mm$^2$<br>5. 接地线在装设前应详细检查，装设时必须接触良好 | |
| | 得分或扣分 | 1. 未办安全工作票或未指明带电部分和采取安全措施，扣10分，验电未戴绝缘手套，扣2分<br>2. 未使用相应电压等级的验电器，扣2分<br>3. 选择接地点不对，扣4分<br>4. 装设接地线未使用绝缘棒、未戴绝缘手套，扣2分<br>5. 接地顺序不对，扣10分<br>6. 未对接地线进行检查，扣3分<br>7. 接地线装设接触不良，扣3分<br>8. 超时5min以内扣10分，超时5min以上不得分<br>9. 本题分数扣完为止 | |

行业：电力工程　　　　工种：装表接电　　　　等级：中

| 编　　号 | C04A011 | 行为领域 | e | 鉴定范围 | 2 |
|---|---|---|---|---|---|
| 考核时限 | 25min | 题　型 | A | 题　分 | 20 |
| 试题正文 | 独立安装单相分时（复费率）电能表 | | | | |
| 需　要<br>说明的问<br>题和要求 | 1. 独立操作<br>2. 在配电盘上操作<br>3. 工作中应做好安全措施 | | | | |
| 工具、材料、<br>设备场地 | 1. 工具自备<br>2. 材料现场提供<br>3. 各种计量设备供选择<br>4. 装表接电现场 | | | | |

| | 序号 | 项　目　名　称 | 满分 |
|---|---|---|---|
| 评<br><br>分<br><br>标<br><br>准 | 1<br>2<br>3<br>4 | 固定表计<br>连接导线<br>完工检查<br>加封印 | 1<br>11<br>5<br>3 |
| | 质量<br>要求 | 1. 接线正确无误<br>2. 导线连接牢固，多芯线拧紧<br>3. 表计安装牢固无倾斜<br>4. 导线排列整齐<br>5. 工艺美观<br>6. 工具使用得当<br>7. 操作过程安全<br>8. 操作步骤得当<br>9. 安装后通电试验各项功能正常<br>10. 完工后加盖加封印<br>11. 认真填写工作单 | |
| | 得分或<br>扣分 | 1. 接线错误，不得分<br>2. 连接（压接）不紧，扣 2 分<br>3. 表计安装不牢固，扣 1 分<br>4. 布局不合理，扣 2 分<br>5. 导线连接未做到横平竖直要求，扎带间距不等、带尾扣 2 分<br>6. 导线接头金属部分外露，扣 2 分<br>7. 工具使用不当，扣 1 分<br>8. 操作步骤不合理，扣 1 分<br>9. 工作中存在不安全行为，扣 5 分<br>10. 时段设置不正确，扣 5 分<br>11. 时钟显示时间与实际时钟时间不符合，扣 5 分<br>12. 总电量计数器不走字，扣 10 分<br>13. 一处未加铅封，扣 2 分<br>14. 工作单填写错误或涂改一处，客户未签章确认扣 2 分<br>15. 超时 5min 以内扣 10 分，超时 5min 以上不得分<br>16. 本题分数扣完为止 | |

行业：电力工程　　　　工种：装表接电　　　　等级：中

| 编　号 | C04A012 | 行为领域 | e | 鉴定范围 | 3 |
|---|---|---|---|---|---|
| 考核时限 | 25min | 题　型 | A | 题　分 | 20 |
| 试题正文 | 独立安装一只直接接入式三相四线有功电能表 | | | | |
| 需要说明的问题和要求 | 1. 独立操作<br>2. 遵守《电业安全工作规程》 | | | | |
| 工具、材料、设备场地 | 1. 工具自备<br>2. 材料现场提供<br>3. 一只三相四线有功电能表 | | | | |

| | 序号 | 项　目　名　称 | 满分 |
|---|---|---|---|
| 评分标准 | 1<br>2<br>3<br>4 | 挂表<br>接线<br>送电<br>加封 | 5<br>8<br>5<br>2 |
| | 质量要求 | 1. 外观检查、接线正确无误<br>2. 导线连接牢固<br>3. 表计安装牢固无倾斜<br>4. 导线排列整齐<br>5. 工具使用得当<br>6. 操作过程安全、步骤得当<br>7. 安装完成后，经过通电试验确认安装无误<br>8. 加盖加封、填写工作单 | |
| | 得分或扣分 | 1. 接线错误，不得分<br>2. 导线连接（压接）不紧，扣 2 分<br>3. 表计倾斜超过 1°，扣 3 分<br>4. 表计安装不牢固，扣 1 分<br>5. 布局不合理，扣 2 分<br>6. 各连接导线未做到横平竖直，扎带间距不等、带尾扣 2 分<br>7. 导线接头金属部分外露，扣 2 分<br>8. 工具使用不当，扣 1 分<br>9. 操作步骤不合理，扣 1 分<br>10. 工作中存在不安全行为，扣 5 分<br>11. 无负载试验，未检查有无潜动，扣 3 分<br>12. 有负载试验，未检查表计运行情况，扣 3 分<br>13. 一处未加封，扣 2 分<br>14. 工作单填写错误或涂改一处，客户未签章扣 2 分<br>15. 本题分数扣完为止 | |

行业：电力工程　　　　工种：装表接电　　　　等级：中

| 编　号 | C04A013 | 行为领域 | f | 鉴定范围 | 1 |
|---|---|---|---|---|---|
| 考核时限 | 20min | 题　型 | A | 题　分 | 20 |
| 试题正文 | 某单相用户，其电器设备和照明负荷共 4kW，试独立安装单相电能表 ||||| 
| 需　要 说明的问 题和要求 | 1. 要求单独进行操作处理<br>2. 现场就地操作演示，不得触动运行设备<br>3. 万一遇生产事故，立即停止考核，退出现场<br>4. 注意安全，要文明操作演示 ||||| 
| 工具、材料、 设备场地 | 1. 220V 单相电能表：2.5（10）、5（20）、10（40）A 各 1 只<br>2. 万用表 1 只<br>3. 电表盘 1 个、低压断路器 1 个<br>4. 电工刀、起子、尖嘴钳、试电笔各 1 把<br>5. 规格不同铜芯线若干米 ||||| 

| 评分标准 | 序号 | 项　目　名　称 |||| 满分 |
|---|---|---|---|---|---|---|
| | 1<br>2<br>3<br>4 | 挂表<br>接线<br>送电<br>加封 |||| 5<br>11<br>2<br>2 |
| | 质量 要求 | 1. 选择 5（20）A 电能表并做外观检查、选择导线大小<br>2. 接线正确无误<br>3. 导线连接牢固，多芯导线拧紧<br>4. 表计安装牢固无倾斜<br>5. 导线排列整齐<br>6. 工具使用得当<br>7. 操作过程安全、步骤得当<br>8. 安装完成后，经过通电试验确认安装无误<br>9. 加盖加封，填写工作单 |||||
| | 得分或 扣分 | 1. 电表或导线选择错误，扣 5 分<br>2. 接线错误，不得分<br>3. 导线连接（压接）不紧，扣 2 分<br>4. 表计倾斜超过 1°，扣 3 分<br>5. 表计安装不牢固，扣 1 分<br>6. 布局不合理，扣 2 分<br>7. 各连接导线未做到横平竖直，扎带间距不等、带尾扣 2 分<br>8. 导线接头金属部分外露，扣 2 分<br>9. 工具使用不当，扣 1 分<br>10. 操作步骤不合理，扣 1 分<br>11. 工作中存在不安全行为，扣 5 分<br>12. 无负载试验，未检查有无潜动，扣 3 分<br>13. 有负载试验，未检查表计运行情况，扣 3 分<br>14. 一处未加封，扣 2 分<br>15. 工作单填写错误或涂改一处，客户未签章扣 2 分<br>16. 本题分数扣完为止 |||||

| 编　号 | C04A014 | 行为领域 | f | 鉴定范围 | 4 |
|---|---|---|---|---|---|
| 考核时限 | 20min | 题　型 | A | 题　分 | 20 |
| 试题正文 | 安装一只 30W 荧光灯 | | | | |
| 需　要<br>说明的问<br>题和要求 | 1. 独立完成<br>2. 注意安全、质量 | | | | |
| 工具、材料、<br>设备场地 | 1. 现场操作<br>2. 荧光灯组件现场提供<br>3. 工具自备 | | | | |

| | 序号 | 项　目　名　称 | 满分 |
|---|---|---|---|
| | 1<br>2<br>3<br>4 | 开工前准备<br>各部件之间的连接<br>完工检查<br>通电试验 | 1<br>10<br>5<br>4 |

| 评<br>分<br>标<br>准 | 质量<br>要求 | 1. 荧光灯管应用灯座固定在灯架上，不应使用导线直接连接在管脚上，荧光灯重量不得由本身电源线支承<br>2. 开关、镇流器、启辉器、荧光管和交流 220V 电源连接顺序要正确，荧光灯能正常发光<br><br> |
|---|---|---|
| | 得分或<br>扣分 | 1. 有一处接线错误，扣 10 分<br>2. 工艺不符要求一处，扣 5 分<br>3. 接通电源后日光灯不能启动，不得分<br>4. 超时 5min 以内扣 10 分，超时 5min 以上不得分<br>5. 本题分数扣完为止 |

行业：电力工程　　　　工种：装表接电　　　　等级：中

| 编　　号 | C04A015 | 行为领域 | E | 鉴定范围 | 2 |
|---|---|---|---|---|---|
| 考核时限 | 25min | 题　　型 | A | 题　　分 | 30 |
| 试题正文 | 带电检查并更换单相电能表 | | | | |
| 需　　要<br>说明的问<br>题和要求 | 1. 独立操作<br>2. 在配电盘上操作<br>3. 工作中应做好安全防护措施，否则取消考试资格 | | | | |
| 工具、材料、<br>设备场地 | 1. 工具自备<br>2. 材料现场提供<br>3. 已通电运行的单相电能表（接线错误由现场设定） | | | | |

| | | 序号 | 项 目 名 称 | 满分 |
|---|---|---|---|---|
| 评<br>分<br>标<br>准 | | 1<br>2<br>3<br>4 | 准备工作<br>操作过程<br>完工检查<br>加封和工作单填写 | 4<br>17<br>5<br>4 |
| | 质量<br>要求 | | 1. 断开负荷侧隔离开关<br>2. 测出相线、零线<br>3. 检查表计原接线并画出错误接线，拆除原接线并包扎好绝缘、做好记号<br>4. 接线正确无误<br>5. 导线连接牢固<br>6. 表体安装牢固、无倾斜<br>7. 工艺美观<br>8. 工具使用得当<br>9. 操作过程安全<br>10. 操作步骤得当<br>11. 安装完后要进行通电试验确认安装无误<br>12. 完工后进行加盖加封 | |
| | 得分或<br>扣分 | | 1. 未办安全工作票或未指明带电部分和采取安全措施，扣10分<br>2. 未断开隔离开关，扣2分<br>3. 未外观检查、未测出相线、零线，扣2分<br>4. 未检查出错误，扣10分<br>5. 拆除原接线未按拆线顺序拆除，未包扎好绝缘、未作好记号，扣2分<br>6. 接线错误，不得分<br>7. 接线不按接线顺序接线或导线未拧紧、连接（压接）不紧，扣2分<br>8. 表计倾斜超过1°，扣3分<br>9. 表计安装不牢固，扣1分<br>10. 布局不合理，扣2分<br>11. 各连接导线未做到横平竖直，扎带间距不等、带尾扣2分<br>12. 导线接头金属部分外露，扣2分<br>13. 工具使用不当，扣1分<br>14. 操作步骤不合理，扣1分<br>15. 工作中存在不安全行为，扣5分<br>16. 无负载试验，未检查有无潜动，扣3分<br>17. 有负载试验，未检查表计运行情况，扣3分<br>18. 一处未加封，扣2分<br>19. 工作单填写错误或涂改一处，客户未签章扣2分<br>20. 本题分数扣完为止 | |

行业：电力工程　　　　工种：装表接电　　　　等级：高

| 编　号 | C04A016 | 行为领域 | d | 鉴定范围 | 2 |
|---|---|---|---|---|---|
| 考核时限 | 20min | 题　型 | A | 题　分 | 20 |

| 试题正文 | 核对两条 380V 的供电线路相位 |
|---|---|

| 需要说明的问题和要求 | 1. 独立操作<br>2. 注意安全 |
|---|---|

| 工具、材料、设备场地 | 1. 自带常用工具<br>2. 已送电 380V 供电线两条<br>3. 万用表或电压表 |
|---|---|

<table>
<tr><td rowspan="3">评<br><br>分<br><br>标<br><br>准</td><td colspan="2">序号</td><td>项　目　名　称</td><td>满分</td></tr>
<tr><td colspan="2">1<br>2<br>3</td><td>设备选择和挡位选择<br>测量<br>判断相别</td><td>10<br>5<br>5</td></tr>
<tr><td>质量要求</td><td colspan="2">1. 正确选择仪表<br>2. 仪表接线正确<br>3. 仪表挡位选择正确<br>4. 能够正确判断两条同相的线路</td></tr>
<tr><td colspan="3"></td><td></td><td></td></tr>
</table>

| | 得分或扣分 | 1. 仪表接线正确，得 5 分<br>2. 仪表挡位选择正确，得 5 分<br>3. 不能正确判断两条同相线路，不得分<br>4. 未办安全工作票或未指明带电部分和采取安全措施，扣 10 分<br>5. 超时 5min 内扣 10 分，超时 5min 以上不得分<br>6. 本题分数扣完为止 |
|---|---|---|

| 编　　号 | C03A017 | 行为领域 | e | 鉴定范围 | 2 |
|---|---|---|---|---|---|
| 考核时限 | 25min | 题　型 | A | 题　　分 | 20 |
| 试题正文 | 高压电能计量装置安装完工后，送电前检查工作 | | | | |
| 需　　要<br>说明的问<br>题和要求 | 1. 要求单独进行操作处理<br>2. 现场操作，不得触动运行设备<br>3. 发生事故，停止考核，退出现场<br>4. 注意安全，文明操作 | | | | |
| 工具、材料、<br>设备场地 | 1. 一只安装完好的高压计量箱（柜）<br>2. 高压计量箱（柜）安装缺陷现场设定<br>3. 万用表一只<br>4. 相关技术资料<br>5. 其他工具自备 | | | | |

| | 序号 | 项　目　名　称 | 满分 |
|---|---|---|---|
| 评<br><br>分<br><br>标<br><br>准 | 1 | 互感器检查 | 10 |
| | 2 | 接线检查 | 5 |
| | 3 | 其他检查 | 5 |
| | 质量<br>要求 | 1. 高压计量箱安装的安全性应符合有关验收规定<br>2. 互感器二次侧须有一点安全接地<br>3. 计量箱外壳须有一点安全接地<br>4. 互感器极性正确，二次回路连接正确，计量器具连接螺丝、固定螺丝紧固<br>5. 封印完整<br>6. 证书资料齐全 | |
| | 得分或<br>扣分 | 1. 互感器二次侧、计量箱外壳有一处未接地，螺丝连接不紧、器具固定不牢扣 5 分<br>2. 互感器极性错误，一处扣 5 分<br>3. 二次回路连接错误，一处扣 5 分<br>4. 封印不全，一处扣 1 分<br>5. 证书、资料不全未指出，扣 3 分<br>6. 工作单填写错误或涂改，一处扣 2 分<br>7. 超时 5min 以内扣 10 分，超时 5min 以上不得分<br>8. 本题分数扣完为止 | |

| 编　　号 | C03A018 | 行为领域 | E | 鉴定范围 | 2 |
|---|---|---|---|---|---|
| 考核时限 | 50min | 题　型 | A | 题　分 | 30 |
| 试题正文 | 检查并处理 10kV 供电用户计量装置的错误接线 | | | | |
| 需　要<br>说明的问<br>题和要求 | 用户 TV 采用 Vv 接线，变比 10000/100，两只 TA 变比 150/5，经过一个月运行后发现接线错误，错误期间，电能表走 100 字，错误现象为 u、v 相电压互换，测得电压 $U_{ab}=U_{bc}=U_{ca}=100V$，月平均功率因数 0.86<br>1. 检查错误接线，画出错误接线图<br>2. 画出错误接线时的相量图<br>3. 计算追补电量<br>要求：<br>1. 独立操作<br>2. 工作中做好完全防护措施 | | | | |
| 工具、材料、<br>设备场地 | 1. 工具自备<br>2. 材料、计量设备现场提供 | | | | |

| | 序号 | 项　目　名　称 | 满分 |
|---|---|---|---|
| 评<br><br>分<br><br>标<br><br>准 | 1<br>2<br>3<br>4<br>5 | 带电检查<br>更正错误接线<br>操作过程<br>完工检查<br>加封 | 5<br>10<br>5<br>5<br>5 |
| | 质量<br>要求 | 1. 带电检查错误的接线，并画出相量图<br>2. 画出错误接线图，填写计量装置故障处理工作单，需客户签字<br>3. 更正错误接线<br>4. 工作期间 TA 不能开路，TV 不能短路，接地线应牢固<br>5. 导线连接牢固<br>6. 工具使用得当<br>7. 操作过程安全<br>8. 操作步骤得当<br>9. 安装完后要进行通电试验，确认安装无误<br>10. 计算追补电量<br>11. 完工及时进行加封 | |
| | 得分或<br>扣分 | 1. 不能正确判断接线错误和画出错误接线相量图，不得分<br>2. 计算追补电量错误，不填写计量装置故障处理工作单，不请客户签字扣 10 分<br>3. 接地错误，扣 5 分<br>4. TA 开路、TV 短路，不得分<br>5. 不能更正错误接线，扣 10 分<br>6. 导线连接不牢固、裸露，扣 2 分<br>7. 工具使用不当，扣 2 分<br>8. 未办安全工作票或未指明带电部分和采取安全措施，扣 10 分工作存在不安全行为，扣 5 分<br>9. 操作步骤不合理，扣 1 分<br>10. 未加封印，扣 5 分<br>11. 工作单填写错误或涂改一处，运行人员或客户签字扣 2 分<br>12. 超时 5min 以内扣 10 分，超时 5min 以上不得分<br>13. 本题分数扣完为止 | |

行业：电力工程　　　　工种：装表接电　　　　等级：高

| 编　号 | C03A019 | 行为领域 | e | 鉴定范围 | 2 |
|---|---|---|---|---|---|
| 考核时限 | 30min | 题　型 | A | 题　分 | 30 |
| 试题正文 | 独立安装一只多功能直接接入式电能表 | | | | |
| 需　要<br>说明的问<br>题和要求 | 1. 独立完成<br>2. 在配电盘上操作<br>3. 工作中注意安全<br>4. 峰、平、谷时段等参数现场确定<br>5. 窗口显示数据内容和顺序的设置要求由考评员现场确定 | | | | |
| 工具、材料、<br>设备场地 | 1. 自备工具<br>2. 现场提供多功能电能表及使用说明书、编程器等 | | | | |

| | 序号 | 项　目　名　称 | 满分 |
|---|---|---|---|
| | 1<br>2<br>3<br>4<br>5 | 挂表<br>接线<br>送电<br>完工检查<br>加封铅印 | 2<br>13<br>5<br>5<br>5 |
| 评<br><br>分<br><br>标<br><br>准 | 质量<br>要求 | 1. 接线正确无误<br>2. 导线连接牢固<br>3. 表计安装牢固无倾斜<br>4. 导线排列整齐<br>5. 导线连接牢固<br>6. 工艺美观<br>7. 工具使用得当<br>8. 操作过程安全、步骤得当<br>9. 多功能电能表各项参数设置正确<br>10. 安装完毕后作通电试验，各项功能正常<br>11. 加盖加封，填写工作单<br>12. 封印完整 | |
| | 得分或<br>扣分 | 1. 接线错误，不得分<br>2. 导线未拧紧连接不紧，扣2分<br>3. 表计倾斜超过1°，扣3分<br>4. 表计安装不牢固，扣1分<br>5. 布局不合理，扣2分<br>6. 导线连接未做到横平竖直、扎带间距不等、带尾扣2分<br>7. 导线接头金属部分外露，扣2分<br>8. 工具使用不当，扣1分<br>9. 操作步骤不合理，扣1分<br>10. 工作中存在不安全行为，扣5分<br>11. 时段设置不正确，扣5分<br>12. 时钟显示时间与实际时钟时间不符，扣5分<br>13. 需量方式（滑差、区间）设置不正确，扣5分<br>14. 窗口各项读数轮显设置不正确，扣5分<br>15. 未加铅封，扣2分<br>16. 工作单填写错误或涂改一处，客户未签章，扣2分<br>17. 超时5min以内扣10分，超时5min以上不得分<br>18. 本题分数扣完为止 | |

行业：电力工程　　　　工种：装表接电　　　　等级：高

| 编　号 | C03A020 | 行为领域 | e | 鉴定范围 | 2 |
|---|---|---|---|---|---|
| 考核时限 | 15min | 题　型 | A | 题　分 | 20 |
| 试题正文 | 用绞合法制作接户线终端的拉线 | | | | |
| 需　要说明的问题和要求 | 独立操作 | | | | |
| 工具、材料、设备场地 | 1. 自带常用工具<br>2. 材料现场提供（2m 墙面、角铁、$\phi$ 10 金属膨胀螺丝一个、电锤一个、10 号铁丝 3m） | | | | |

| 评分标准 | | 序号 | 项　目　名　称 | 满分 |
|---|---|---|---|---|
| | | 1 | 准备材料 | 3 |
| | | 2 | 按要求缠绕 | 15 |
| | | 3 | 压平 | 2 |
| | 质量要求 | | 1. 拉线根部要牢靠<br>2. 在绞合接线时，绞合力度要适中 | |
| | 得分或扣分 | | 1. 旋转方向错，扣 10 分<br>2. 接线不紧，扣 10 分<br>3. 超时 5min 以内扣 10 分，超时 5min 以上不得分<br>4. 本题分数扣完为止 | |

# 4.2.2 多项操作

行业：电力工程　　　　工种：装表接电　　　　等级：中

| 编　号 | C04B021 | 行为领域 | e | 鉴定范围 | 2 |
|---|---|---|---|---|---|
| 考核时限 | 45min | 题　型 | B | 题　分 | 40 |
| 试题正文 | 三相四线有功、无功电能表及 TA 联合接线 | | | | |
| 需要<br>说明的问<br>题和要求 | 1. 独立操作<br>2. 在配电盘上操作<br>3. 工作中应做好安全防护措施<br>4. 发生事故，取消考核 | | | | |
| 工具、材料、<br>设备场地 | 1. 工具自备<br>2. 材料现场提供<br>3. 各种计量装置供选择 | | | | |
| 评<br><br>分<br><br>标<br><br>准 | 序号 | 项　目　名　称 | | | 满分 |
| | 1<br>2<br>3<br>4 | 装表接电<br>操作过程<br>完工检查<br>加封 | | | 10<br>15<br>10<br>5 |
| | 质量<br>要求 | 1. 接线正确无误<br>2. 导线连接牢固<br>3. 表体 TA 安装牢固、无倾斜<br>4. TA 安装正确<br>5. 工艺美观<br>6. 工具使用得当<br>7. 操作过程安全<br>8. 操作步骤得当<br>9. 安装完后要进行通电试验确认安装无误<br>10. 完工后加盖加封，填写工作单 | | | |
| | 得分或<br>扣分 | 1. 接线错误，不得分<br>2. 导线连接不紧，扣 2 分<br>3. TA 安装不正确，扣 10 分<br>4. 电能表引接线未按正相序接入，扣 5 分<br>5. TA、表计安装不牢固，扣 5 分，表计倾斜超过 1°，扣 3 分<br>6. 布局不合理，扣 2 分<br>7. 各连接导线未做到横平竖直，绑扎间距不等，扣 2 分<br>8. 导线接头金属部分外露，扣 2 分<br>9. 工具使用不当，扣 1 分<br>10. 操作步骤不合理，扣 1 分<br>11. 工作中存在不安全行为，扣 5 分<br>12. 无负载试验，未检查有无潜动，扣 3 分<br>13. 有负载试验，未检查表计运行情况，扣 3 分<br>14. 一处未加封，扣 2 分<br>15. 工作单填写错误或涂改一处，客户未签章扣 2 分<br>16. 超时 5min 以内扣 10 分，超时 5min 以上不得分<br>17. 本题分数扣完为止 | | | |

行业：电力工程　　　　工种：装表接电　　　　等级：中

| 编　　号 | C04B022 | 行为领域 | e | 鉴定范围 | 1 |
|---|---|---|---|---|---|
| 考核时限 | 50min | 题　型 | B | 题　分 | 30 |
| 试题正文 | 某工业用户变压器由50kVA增容至160kVA，原安装表计为三相四线有功电能表20（80）A，请为该用户选配导线、熔丝，重新配备计量装置并安装 | | | | |
| 需　要<br>说明的问<br>题和要求 | 1. 独立操作<br>2. 在配电盘上操作<br>3. 工作中应做好安全防护措施<br>4. 发生事故，取消考核 | | | | |
| 工具、材料、<br>设备场地 | 1. 工具自备<br>2. 材料现场提供<br>3. 各种计量装置供选择 | | | | |

| | 序号 | 项　目　名　称 | 满分 |
|---|---|---|---|
| | 1 | 准备工作 | 13 |
| | 2 | 操作过程 | 10 |
| | 3 | 完工检查 | 5 |
| | 4 | 加封 | 2 |
| 评<br><br>分<br><br>标<br><br>准 | 质量<br>要求 | 1. 正确计算负荷电流<br>2. 正确选择设备（电能表和电流互感器）<br>3. 接线正确无误<br>4. 导线连接牢固<br>5. 表体TA安装牢固、无倾斜<br>6. 接地线安装牢固<br>7. 工艺美观<br>8. 工具使用得当<br>9. 操作过程安全、步骤得当<br>10. 安装完后要进行通电试验，确认安装无误<br>11. 加盖加封，填写工作单 | |
| | 得分或<br>扣分 | 1. 未办安全工作票或未指明带电部分和采取安全措施，扣10分<br>2. 未正确计算负荷电流，扣5分<br>3. 计量设备选择错误，扣10分<br>4. 未正确选择辅助设备，扣5分<br>5. 接线错误，不得分<br>6. 导线连接不紧，扣2分<br>7. 表计倾斜超过1°，扣3分<br>8. 表计、TA安装不牢固，扣1分<br>9. 布局不合理，扣2分<br>10. 各连接导线未做到横平竖直，扎带间距不等、带尾扣2分<br>11. 导线接头金属部分外露，扣2分<br>12. 工具使用不当，扣1分<br>13. 操作步骤不合理，扣1分<br>14. 工作中存在不安全行为，扣5分<br>15. 无负载试验，未检查有无潜动，扣3分<br>16. 有负载试验，未检查表计运行情况，扣3分<br>17. 一处未加封，扣2分<br>18. 工作单填写错误或涂改一处，客户未签章扣2分<br>19. 本题分数扣完为止 | |

行业：电力工程　　　　工种：装表接电　　　　等级：中

| 编　　号 | C04B023 | 行为领域 | e | 鉴定范围 | 1 |
|---|---|---|---|---|---|
| 考核时限 | 50min | 题　　型 | B | 题　　分 | 30 |

| 试题正文 | 某低压计量点，拟接入的三相最大负荷 45kW，试独立安装该点有功电能计量装置 |
|---|---|

| 需　要<br>说明的问<br>题和要求 | 1. 要求单独进行操作处理<br>2. 现场工作时，不得触动运行设备；发生事故，停止考核<br>3. 注意安全 |
|---|---|

| 工具、材料、<br>设备场地 | 1. 3×380/220V 三相有功电能表：1.5（6）、2.5（10）、5（20）、10（40）A 各 1 块<br>2. 电流互感器：100/5、75/5、50/5 各 3 只<br>3. 万用表 1 个<br>4. 电表盘 1 个、空气断路器 1 组<br>5. 工具自备<br>6. 单股铜芯线若干米（绝缘线，2.5mm² 、4mm² 若干米。）<br>7. 试灯一只 |
|---|---|

| 评<br>分<br>标<br>准 | 序号 | 项　目　名　称 | 满分 |
|---|---|---|---|
| | 1<br>2<br>3<br>4 | 准备工作<br>操作过程<br>完工检查<br>加封 | 13<br>10<br>5<br>2 |
| | 质量<br>要求 | 1. 正确计算负荷电流<br>2. 正确选择设备（电能表和电流互感器）<br>3. 正确判定互感器极性<br>4. 接线正确无误<br>5. 导线连接牢固<br>6. 表体 TA 安装牢固、无倾斜<br>7. 工艺美观<br>8. 工具使用得当<br>9. 操作过程安全、步骤得当<br>10. 安装完后要进行通电试验确认安装无误<br>11. 加盖加封，填写工作单 | |

| 序号 | 项　目　名　称 | 满分 |
|---|---|---|

评分标准 | 得分或扣分 |

1. 导线选择接线错误，扣 2 分
2. 电能表规格选择不当，扣 5 分
3. 电流互感器选择不当，扣 5 分
4. 电流互感器极性判定错误每一个，扣 5 分
5. 相序接错，扣 2 分
6. 接线错误，不得分
7. 导线连接不紧，扣 2 分
8. 表计倾斜超过 1°，扣 3 分
9. 表计 TA 安装不牢固，扣 1 分
10. 布局不合理，扣 2 分
11. 各连接导线未做到横平竖直，扎带间距不等，带尾扣 2 分
12. 导线接头金属部分外露，扣 2 分
13. 工具使用不当，扣 1 分
14. 工作步骤不合理，扣 1 分
15. 工作中存在不安全行为，扣 5 分
16. 无负载试验，未检查有无潜动，扣 3 分
17. 有负载试验，未检查表计运行情况，扣 3 分
18. 一处未加封，扣 2 分
19. 工作单填写错误或涂改一处，客户未签章扣 2 分
20. 本题分数扣完为止

行业：电力工程　　　　工种：装表接电　　　　等级：中

| 编　号 | C04B024 | 行为领域 | e | 鉴定范围 | 2 |
|---|---|---|---|---|---|
| 考核时限 | 40min | 题　型 | B | 题　分 | 25 |

| 试题正文 | 安装一只高压三相三线无功电能表 |
|---|---|

| 需　要<br>说明的问<br>题和要求 | 1. 独立完成<br>2. 在配电盘上操作<br>3. 注意安全措施 |
|---|---|

| 工具、材料、<br>设备场地 | 1. 装表接电现场<br>2. 提供电工仪表及三相三线无功电能表<br>3. 工具自备 |
|---|---|

<table>
<tr><td colspan="2">序号</td><td>项　目　名　称</td><td>满分</td></tr>
<tr><td rowspan="7">评<br>分<br>标<br>准</td><td>1<br>2<br>3<br>4</td><td>安装前准备工作<br>互感器极性判别<br>电能表接线连接<br>电能表加封印</td><td>1<br>8<br>11<br>5</td></tr>
<tr><td>质量<br>要求</td><td>1. 互感器二次回路必须有一点接地<br>2. 接表用二次电压线不得装熔断器，不得短路<br>3. 互感器极性和电能表接线正确<br>4. 相—相、相—地安全距离：10kV 不小于 125mm，35kV<br>不小于 300mm<br>5. 电压互感器二次回路导线截面不小于 2.5mm²，电流互<br>感器二次回路导线截面不小于 4mm²</td><td></td></tr>
<tr><td>得分或<br>扣分</td><td>1. 电能表规格选择不当，扣 2 分<br>2. 互感器选择不当，扣 2 分<br>3. 相序错误，扣 2 分<br>4. 工作中存在不安全行为，扣 5 分<br>5. 互感器极性错误一次，扣 5 分<br>6. 电能表接线错一处，扣 10 分<br>7. 二次导线截面选择错，扣 5 分<br>8. 电能表未加封印，扣 5 分<br>9. 工作单填写错误或涂改一处，扣 2 分<br>10. 超时 5min 以内扣 10 分，超时 5min 以上不得分<br>11. 本题分数扣完为止</td><td></td></tr>
</table>

行业：电力工程　　　　工种：装表接电　　　　等级：中

| 编　号 | C04B025 | 行为领域 | e | 鉴定范围 | 3 |
|---|---|---|---|---|---|
| 考核时限 | 30min | 题　型 | B | 题　分 | 30 |
| 试题正文 | 安装一只经电流互感器接入，共用电压和电流线的三相四线有功电能表 | | | | |
| 需　要说明的问题和要求 | 1. 独立操作<br>2. 在配电盘上操作<br>3. 工作中应做好安全防护措施，否则取消考试资格 | | | | |
| 工具、材料、设备场地 | 1. 工具自备<br>2. 材料现场提供（电流互感器三只，380/220V三相四线有功电能表一只） | | | | |

| | 序号 | 项　目　名　称 | 满分 |
|---|---|---|---|
| | 1 | 挂表和固定 TA | 5 |
| | 2 | 连接 TA 一次、二次连线和电能表接线 | 15 |
| | 3 | 完工检查 | 5 |
| | 4 | 加封 | 5 |
| 评分标准 | 质量要求 | 1. 接线正确无误<br>2. 导线连接牢固<br>3. 表体 TA 安装牢固、无倾斜<br>4. TA 安装正确<br>5. 接地线和设备安装牢固<br>6. 工艺美观<br>7. 工具使用得当<br>8. 操作过程安全<br>9. 操作步骤得当<br>10. 安装完后要进行通电试验确认安装无误<br>11. 完工后加盖加封，填写工作单 | |
| | 得分或扣分 | 1. 接线错误，不得分<br>2. 导线连接不紧，扣 2 分<br>3. TA 安装不正确，扣 10 分<br>4. 电能表引接线未按正相序接入<br>5. 表计 TA 安装不紧，扣 5 分<br>6. 二次部分不能接地，如接地则不得分<br>7. 布局不合理，扣 2 分<br>8. 各连接导线未做到横平竖直，扎带间距不等，带尾扣 2 分<br>9. 导线接头金属部分外露，扣 2 分<br>10. 工具使用不当，扣 1 分<br>11. 操作步骤不合理，扣 1 分<br>12. 工作中存在不安全行为，扣 5 分<br>13. 无负载试验，未检查有无潜动，扣 3 分<br>14. 有负载试验，未检查表运行情况，扣 3 分<br>15. 一处未加封，扣 2 分<br>16. 工作单填写错误或涂改一处，客户未签章扣 2 分<br>17. 超时 5min 以内扣 10 分，超时 5min 以上不得分<br>18. 本题分数扣完为止 | |

行业：电力工程　　　　工种：装表接电　　　　等级：中

| 编　号 | C04B026 | 行为领域 | e | 鉴定范围 | 2 |
|---|---|---|---|---|---|
| 考核时限 | 50min | 题　　型 | B | 题　分 | 30 |

| 试题正文 | 某一商店照明负荷为 160kW，需装 3×380/220V、1.5（6）A 三相四线有功电能表一台，试独立安装电流互感器和电能表 |
|---|---|

| 需　要说明的问题和要求 | 1. 独立操作<br>2. 在配电盘上操作<br>3. 工作中应做好安全防护措施 |
|---|---|

| 工具、材料、设备场地 | 1. 工具自备<br>2. 材料现场提供（电流互感器三只，三相四线有功电能表一只等） |
|---|---|

| | 序号 | 项　目　名　称 | 满分 |
|---|---|---|---|
| 评<br><br>分<br><br>标<br><br>准 | 1 | 准备工作 | 1 |
| | 2 | 固定表计和 TA | 15 |
| | 3 | 连接导线 | 10 |
| | 4 | 完工检查 | 2 |
| | 5 | 加封 | 2 |
| | 质量要求 | 1. 接线正确无误<br>2. 导线连接牢固<br>3. 表体 TA 安装牢固、无倾斜<br>4. TA 安装正确<br>5. 接地线和设备安装牢固<br>6. 工艺美观<br>7. 工具使用得当<br>8. 操作过程安全<br>9. 操作步骤得当<br>10. 安装完后要进行通电试验确认安装无误<br>11. 完工后加盖加封，填写工作单 | |
| | 得分或扣分 | 1. 接线错误，不得分<br>2. 导线连接不紧，扣 2 分<br>3. TA 安装不正确，扣 10 分<br>4. 电能表引接线未按正相序接入，扣 5 分<br>5. 表计 TA 安装不紧，扣 5 分<br>6. 未接地或不牢接地，扣 2 分<br>7. 布局不合理，扣 2 分<br>8. 各连接导线未做到横平竖直，扣 2 分<br>9. 导线接头金属部分外露，扣 2 分<br>10. 工具使用不当，扣 1 分<br>11. 操作步骤不合理，扣 1 分<br>12. 工作中存在不安全行为，扣 5 分<br>13. 无负载试验，未检查有无潜动，扣 3 分<br>14. 有负载试验，未检查表运行情况，扣 3 分<br>15. 一处未加封，扣 2 分<br>16. 工作单填写错误或涂改一处，扣 2 分<br>17. 超时 5min 以内扣 10 分，超时 5min 以上不得分<br>18. 本题分数扣完为止 | |

272

行业：电力工程　　　　工种：装表接电　　　　等级：高

| 编　　号 | C03B027 | 行为领域 | e | 鉴定范围 | 1 |
|---|---|---|---|---|---|
| 考核时限 | 50min | 题　型 | B | 题　分 | 20 |

| 试题正文 | 某 10kV 用户新装 630kVA 变压器一台，试选择高压计量柜箱，有功、无功电能表，二次导线进行安装 |
|---|---|

| 需　要说明的问题和要求 | 1. 独立操作<br>2. 工作中应做好安全防护措施<br>3. 发生事故，取消考核 |
|---|---|

| 工具、材料、设备场地 | 1. 工具自备<br>2. 材料现场提供<br>3. 各种计量设备供选择（双抽头电流互感器） |
|---|---|

| | 序号 | 项　目　名　称 | 满分 |
|---|---|---|---|
| | 1<br>2<br>3<br>4<br>5 | 开工前准备<br>固定计量设备<br>连接导线<br>完工检查<br>加封 | 5<br>5<br>6<br>2<br>2 |
| 评分标准 | 质量要求 | 1. 正确选择高压计量箱 TA 抽头大小<br>2. 正确选择表计<br>3. 二次线选择单芯铜线、电压回路不小于 2.5mm$^2$，电流回路不小于 4mm$^2$<br>4. 接线正确无误<br>5. 导线连接牢固<br>6. 表计无倾斜<br>7. 极性方向正确<br>8. 表体 TA 安装牢固<br>9. 接地牢固<br>10. 工艺美观<br>11. 工具使用得当<br>12. 操作过程安全<br>13. 操作步骤得当<br>14. 安装完后再进行通电试验确认安装无误<br>15. 加盖加封，填写工作单 | |

| | 序号 | 项 目 名 称 | 满分 |
|---|---|---|---|
| 评<br>分<br>标<br>准 | 得分或<br>扣分 | 1. 不能正确选择高压计量箱 TA 抽头大小，扣 5 分<br>2. 不能正确选择表计，扣 5 分<br>3. 二次线选择错误，扣 5 分<br>4. 导线连接不紧，扣 2 分<br>5. 表计倾斜超过 1°，扣 3 分<br>6. 极性方向不对，扣 2 分<br>7. 表计 TA 固定不紧，扣 1 分<br>8. 未安装接地线，扣 2 分<br>9. 布局不合理，扣 2 分<br>10. 各连接导线未做到横平竖直，绑扎间距不等，带尾，扣 2 分<br>11. 导线接头金属部分外露，扣 2 分<br>12. 工具使用不当，扣 1 分<br>13. 操作步骤不合理，扣 1 分<br>14. 工作中存在不安全行为，扣 3 分<br>15. 计量箱通电后相位伏安表检查接线，接线错误不得分，判断错误，扣 10 分<br>16. 一处未加封，扣 2 分<br>17. 工作单填写错误或涂改一处，运行人员或客户未签章，扣 2 分<br>18. 超时 5min 以内扣 10 分，超时 5min 以上不得分<br>19. 本题分数扣完为止 | |

行业：电力工程　　　　工种：装表接电　　　　等级：高

| 编　号 | C03B028 | 行为领域 | e | 鉴定范围 | 3 |
|---|---|---|---|---|---|
| 考核时限 | 30min | 题　型 | B | 题　分 | 30 |
| 试题正文 | 按给定容量安装高压计量箱 | | | | |
| 需　要说明的问题和要求 | 1. 独立操作<br>2. 在计量屏箱上操作<br>3. 工作中应做好安全防护措施<br>4. 考评员现场确定用户容量 | | | | |
| 工具、材料、设备场地 | 1. 工具自备<br>2. 材料现场提供<br>3. 各种计量设备供选择 | | | | |

| | 序号 | 项　目　名　称 | 满分 |
|---|---|---|---|
| 评分标准 | 1 | 合理选择计量箱、表计 | 10 |
| | 2 | 安装计量箱 | 5 |
| | 3 | 操作过程 | 10 |
| | 4 | 完工检查 | 3 |
| | 5 | 加封，填工作单 | 2 |
| | 质量要求 | 1. 根据容量合理选择计量箱及 TA 抽头<br>2. 合理选择电能表<br>3. 二次线选择单芯铜芯线不小于 2.5mm²<br>4. 接线正确无误<br>5. 导线连接牢固<br>6. 设备安装无倾斜<br>7. 极性正确<br>8. 表计固定牢固<br>9. 接地可靠<br>10. 工艺美观<br>11. 工具使用得当<br>12. 操作过程安全<br>13. 操作步骤得当<br>14. 安装完后要进行通电试验确认安装无误<br>15. 完工后进行加盖加封 | |
| | 得分或扣分 | 1. 计量箱 TA 抽头选择不合理，扣 5 分<br>2. 表型选择不合理，扣 5 分<br>3. 导线连接一处不紧，扣 2 分<br>4. 表计倾斜超过 1°，扣 3 分<br>5. 互感器极性判断错误一处，扣 10 分<br>6. 设备和表体固定不紧，扣 1 分<br>7. 未安装接地线，扣 5 分<br>8. 各连接导线未做到横平竖直，绑扎间距不等，带尾，扣 2 分<br>9. 导线接头金属部分外露，扣 2 分<br>10. 工具使用不当，扣 1 分<br>11. 工作步骤不合理，扣 1 分<br>12. 工作中存在不安全行为，扣 5 分<br>13. 计量箱通电后用相位伏安表检查接线，接线错误不得分，判断错误扣 10 分<br>14. 一处未加封扣 2 分<br>15. 工作单填写错误或涂改一处，运行人员或客户未签章，扣 2 分<br>16. 超时 5min 以内扣 10 分，超时 5min 以上不得分<br>17. 本题分数扣完为止 | |

| 编　　号 | C03B029 | 行为领域 | e | 鉴定范围 | 2 |
|---|---|---|---|---|---|
| 考核时限 | 30min | 题　型 | B | 题　　分 | 30 |
| 试题正文 | 用表计检测三相三线有功、无功表的接线 | | | | |
| 需　要<br>说明的问<br>题和要求 | 独立操作（U 相电流互感器二次侧反极性，UW 电压元件接错） | | | | |
| 工具、材料、<br>设备场地 | 1. 自带常用工具<br>2. 电能表接线模拟装置一台<br>3. 万用表、相位表、功率表、相序表 | | | | |

| | 序号 | 项　目　名　称 | 满分 |
|---|---|---|---|
| 评<br><br>分<br><br>标<br><br>准 | 1<br>2<br>3 | 检查接线<br>分析电压、电流相位关系<br>计算更正系数 | 10<br>15<br>5 |
| | 质量<br>要求 | 1. 检查每相二次电压<br>2. 检查每相二次电流<br>3. 检查相序<br>4. 测出每相的电压与电流相位数值<br>5. 画出相量图，正确分析相位关系<br>6. 算出错误接线更正系数 | |
| | 得分或<br>扣分 | 1. 未办安全工作票或未指明带电部分和采取安全措施，扣 10 分<br>2. 正确测量二次电压和电流，得 2 分<br>3. 测量相序，得 2 分<br>4. 测出每相的电压与电流相位，得 6 分<br>5. 画出相量图，相位关系分析正确，得 10 分<br>6. 计算更正系数正确，得 10 分<br>7. 工作单填写错误或涂改一处，运行人员或客户未签章，扣 2 分<br>8. 超时 5min 以内扣 10 分，超时 5min 以上不得分<br>9. 本题分数扣完为止 | |

行业：电力工程　　　　工种：装表接电　　　　等级：高

| 编　号 | C03B030 | 行为领域 | e | 鉴定范围 | 1 |
|---|---|---|---|---|---|
| 考核时限 | 50min | 题　型 | B | 题　分 | 30 |
| 试题正文 | 某一高供低计用户根据报装负荷容量，正确选择并安装一、二次回路导线及计量装置 | | | | |
| 需　要说明的问题和要求 | 1. 动力用户新装 10kV、100kVA 变压器一台，负荷 80kW<br>2. 独立操作<br>3. 工作中应做好安全防护措施，否则取消考试资格<br>4. 发生事故，取消考核 | | | | |
| 工具、材料、设备场地 | 1. 工具自备<br>2. 材料现场提供<br>3. 各种计量装置供选择 | | | | |

| | 序号 | 项　目　名　称 | 满分 |
|---|---|---|---|
| 评分标准 | 1<br>2<br>3<br>4<br>5 | 开工前准备<br>固定计量设备<br>连接导线<br>完工检查<br>加封 | 10<br>5<br>10<br>3<br>2 |
| | 质量要求 | 1. 正确计算负荷电流<br>2. 正确选择设备（电能表和电流互感器）<br>3. 接线正确无误<br>4. 导线连接牢固<br>5. 表体安装牢固、无倾斜<br>6. 接地线安装牢固<br>7. 工艺美观<br>8. 工具使用得当<br>9. 操作过程安全、步骤得当<br>10. 安装完后要进行通电试验确认安装无误<br>11. 加盖加封，填写工作单 | |
| | 得分或扣分 | 1. 未正确计算负荷电流，扣 5 分<br>2. 计量设备选择错误，扣 5 分<br>3. 未正确选择辅助设备，扣 5 分<br>4. 接线错误，不得分<br>5. 导线连接不紧，扣 2 分<br>6. 表计倾斜超过 1°，扣 3 分<br>7. 计量器具安装不牢固，扣 1 分<br>8. 布局不合理，扣 2 分<br>9. 各连接导线未做到横平竖直，绑扎间距不等，带尾，扣 2 分<br>10. 导线接头金属部分外露，扣 2 分<br>11. 工具使用不当，扣 1 分<br>12. 操作步骤不合理，扣 1 分<br>13. 工作中存在不安全行为，扣 5 分<br>14. 无负载试验，未检查有无潜动，扣 3 分<br>15. 有负载试验，未检查表运行情况，扣 3 分<br>16. 一处未加封，扣 2 分<br>17. 工作单填写错误或涂改一处，扣 2 分<br>18. 本题分数扣完为止 | |

# 4.2.3 综合操作

行业：电力工程　　　　工种：装表接电　　　　等级：中

| 编　　号 | C03C031 | 行为领域 | d | 鉴定范围 | 2 |
|---|---|---|---|---|---|
| 考核时限 | 30min | 题　型 | C | 题　　分 | 30 |
| 试题正文 | 低压三相四线装表并带电进户线接火 | | | | |
| 需　要<br>说明的问<br>题和要求 | 1. 独立操作<br>2. 工作中应做好安全防护措施，否则取消考试资格 | | | | |
| 工具、材料、<br>设备场地 | 1. 自带常用工具<br>2. 工作中应做好安全防护措施，否则取消考试资格<br>3. 一只三相四线有功电能表 | | | | |
| 评<br><br>分<br><br>标<br><br>准 | 序号 | 项　目　名　称 | | | 满分 |
| | 1<br>2<br>3 | 挂表<br>接线<br>接火 | | | 10<br>10<br>10 |
| | 质量<br>要求 | 1. 接线牢固、紧凑、美观<br>2. 接触部分的接触电阻尽可能达到最小<br>3. 接火时应先接零线<br>4. 进户线应留有滴水弯<br>5. 接完后应包扎完好<br>6. 电表接线正确<br>7. 导线排列整齐、美观<br>8. 操作过程安全、步骤得当<br>9. 填写工作单 | | | |
| | 得分或<br>扣分 | 1. 未办安全工作票或未指明带电部分和采取安全措施，扣10分<br>2. 应先接零线，得 5 分<br>3. 接头按技术要求操作，得 5 分<br>4. 进户线留有滴水弯，得 5 分<br>5. 每相接完后包扎完好，得 5 分<br>6. 电能表安装倾斜超过 1°，扣 3 分<br>7. 导线排列不整齐、工艺较差，扣 3 分<br>8. 操作不安全、步骤不得当，扣 2 分<br>9. 工作单填写错误或涂改一处，扣 2 分<br>10. 超时 5min 以内扣 10 分，超时 5min 以上不得分<br>11. 本题分数扣完为止 | | | |

行业：电力工程　　　　工种：装表接电　　　　等级：中

| 编　号 | C03C032 | 行为领域 | e | 鉴定范围 | 2 |
|---|---|---|---|---|---|
| 考核时限 | 40min | 题　型 | C | 题　分 | 30 |
| 试题正文 | 用相位伏安表法，带电检查一只带电流互感器三相三线有功电能表接线 | | | | |
| 需　要说明的问题和要求 | 1. 独立完成<br>2. 注意安全<br>3. 在配电盘上操作<br>4. 现场设定电能表错误接线<br>5. 计算更正电量的所需参数现场设定 | | | | |
| 工具、材料、设备场地 | 1. 电能计量装置<br>2. 相序表、钳形相位伏安表、万用表<br>3. 工具自备 | | | | |

| | 序号 | 项　目　名　称 | 满分 |
|---|---|---|---|
| 评分标准 | 1<br>2<br>3<br>4<br>5<br>6 | 测量三相电压，确定 V 相<br>相序测量<br>电流互感器二次电流测量<br>相量图<br>更正错误接线<br>计算更正电量 | 5<br>5<br>2<br>5<br>8<br>5 |
| | 质量要求 | 1. 正确使用钳形相位伏安表，说明确定 V 相原因和方法<br>2. 正确判定相序<br>3. 依据所测电压、电流、相位值，正确绘出相量图<br>4. 根据相量图，分析、判断、更正错误接线，计算更正电量 | |
| | 得分或扣分 | 1. 未办安全工作票或未指明带电部分和采取安全措施，扣10 分<br>2. 不能正确判断相序，扣 5 分<br>3. 不能正确使用相位伏安表，扣 5 分<br>4. 相量图错一相，扣 5 分<br>5. 相量图判断错一相，扣 5 分<br>6. 不能改正错误接线，扣 5 分<br>7. 更正电量计算错误，扣 5 分<br>8. 工作单填写错误或涂改一处，运行人员或客户未签章，扣 2 分<br>9. 超过 5min 以内扣 10 分，超时 5min 以上不得分<br>10. 本题分数扣完为止 | |

行业：电力工程　　　　工种：装表接电　　　　等级：中

| 编　　号 | C03C033 | 行为领域 | e | 鉴定范围 | 2 |
|---|---|---|---|---|---|
| 考核时限 | 45min | 题　型 | C | 题　分 | 30 |
| 试题正文 | 带电更换一只三相四线电能表（带 TA，不带接线盒，不好短接 TA 二次电流） | | | | |
| 需　要说明的问题和要求 | 1. 独立完成<br>2. 带电调换<br>3. 注意安全<br>4. 在配电盘（箱）上进行 | | | | |
| 工具、材料、设备场地 | 1. 装表接电现场<br>2. 提供计量设备、材料<br>3. 工具自备 | | | | |

| | 序号 | 项　目　名　称 | 满分 |
|---|---|---|---|
| 评分标准 | 1 | 拆表 | 10 |
| | 2 | 换装新电能表 | 10 |
| | 3 | 通电检查 | 5 |
| | 4 | 数据、资料记录 | 5 |
| | 质量要求 | 1. 核对户名、电能表编号等。对换下的电能表要做好电能表止码记录<br>2. 先将电流互感器二次侧短路，然后依次拆除电流线和电压线，并做好标记，电压线头作绝缘处理<br>3. 更换电能表<br>4. 恢复接线，然后解除电流互感器二次短接状态<br>5. 填写工作单 | |
| | 得分或扣分 | 1. 未办安全工作票或未指明带电部分和采取安全措施，扣10 分<br>2. 拆表之前未核对户名、电能表编号、止码，扣 5 分<br>3. 未将电流互感器二次短接，退出操作<br>4. 拆装电压相线发生短路，退出操作<br>5. 安装完成发生 TA 二次回路开路，退出操作<br>6. 新装电能表未抄录起码，扣 5 分<br>7. 工作单填写错误和涂改一处，未计算换表期间未计电量，客户未签章，扣 2 分<br>8. 超时 5min 以内扣 10 分，超时 5min 以上不得分<br>9. 本题分数扣完为止 | |

行业：电力工程　　　　工种：装表接电　　　　等级：高

| 编　号 | C03C034 | 行为领域 | e | 鉴定范围 | 1 |
|---|---|---|---|---|---|
| 考核时限 | 90min | 题　型 | C | 题　分 | 40 |

| 试题正文 | 安装一套高压计量装置，包括 TA、TV（Vv 接线），有功、无功电能表，接线盒 |
|---|---|

| 需　要说明的问题和要求 | 1. 要求独立完成<br>2. 现场操作、不得触动其他运行设备，发生事故，停止考核<br>3. 注意安全 |
|---|---|

| 工具、材料、设备场地 | 1. DS862、DX863 型有功、无功电能表各一只<br>2. 高压计量柜一台，联合接线盒一只<br>3. 10000/100 单相电压互感器两只，100/5 电流互感器两只<br>4. 工具自备<br>5. 万用表一只<br>6. 单股铜芯线若干米 |
|---|---|

| 评分标准 | | 序号 | 项　目　名　称 | 满分 |
|---|---|---|---|---|
| | | 1<br>2<br>3<br>4<br>5 | 填写工作票<br>互感器极性检查<br>电能表、互感器安装<br>二次导线连接<br>加封 | 5<br>10<br>8<br>15<br>2 |
| | 质量要求 | | 1. 正确填写工作票<br>2. 互感器极性试验正确<br>3. 电能表、互感器安装符合要求（TV 安装在 TA 线路后）<br>4. 电能表电压回路按 UVW 正相序接入，互感器二次线接线正确<br>5. 布线规范、整齐<br>6. 操作步骤得当 | |
| | 得分或扣分 | | 1. 互感器极性判定错误一处，扣 5 分<br>2. 互感器安装错误，扣 5 分（TV 安装在 TA 线路前）<br>3. 操作步骤不合理，扣 2 分<br>4. 布线不整齐、不规范，扣 3 分<br>5. 电能表电压回路接线错误，扣 20 分<br>6. 电能表电流回路接线错误，扣 20 分<br>7. 工作票填写错误和涂改一处，扣 2 分<br>8. 超时 5min 以内扣 10 分，超时 5min 以上不得分<br>9. 本题分数扣完为止 | |

行业：电力工程　　　　工种：装表接电　　　　等级：高

| 编　号 | C03C035 | 行为领域 | e | 鉴定范围 | 2 |
|---|---|---|---|---|---|
| 考核时限 | **90min** | 题　型 | **C** | 题　分 | 30 |
| 试题正文 | 35kV 三相三线有功、无功电能表、TV、TA 联合接线 | | | | |
| 需　要<br>说明的问<br>题和要求 | 1. 要求独立完成<br>2. 现场操作，不得触动运行设备<br>3. 发生事故，停止操作<br>4. 注意安全文明操作 | | | | |
| 工具、材料、<br>设备场地 | 1. 工具自备<br>2. 现场提供材料、计量设备、仪器仪表等 | | | | |

<table>
<tr><td rowspan="5">评<br>分<br>标<br>准</td><td colspan="2">序号</td><td colspan="2">项　目　名　称</td><td>满分</td></tr>
<tr><td colspan="2">1<br>2<br>3<br>4<br>5</td><td colspan="2">开工前准备工作<br>固定计量设备<br>连接导线<br>完工通电检查<br>加封</td><td>10<br>6<br>10<br>2<br>2</td></tr>
<tr><td>质量<br>要求</td><td colspan="3">1. 正确填写工作票<br>2. 安全措施齐全<br>3. 安装工艺美观<br>4. 接线正确无误<br>5. 计量装置和接地线安装牢固<br>6. 通电后表计工作正常<br>7. 互感器二次容量不应超出额定范围<br>8. 工作现场无遗漏物件<br>9. 办理工作票终结手续<br>10. 操作过程安全<br>11. 加封</td></tr>
<tr><td>得分或<br>扣分</td><td colspan="3">1. 未办理安全工作票或安全措施不齐全，扣10分<br>2. 安装工艺达不到要求，扣4分<br>3. 互感器二次负载超出额定范围，扣5分<br>4. 通电后用相位伏安表检查接线，接线错误不得分，判断错误扣10分<br>5. 一处未加封扣5分<br>6. 超时5min以内扣10分，超时5min以上不得分<br>7. 工作票填写错误和涂改一处，扣2分<br>8. 本题分数扣完为止</td></tr>
</table>

行业：电力工程　　　　工种：装表接电　　　　等级：高

| 编　　号 | C03C037 | 行为领域 | e | 鉴定范围 | 2 |
|---|---|---|---|---|---|
| 考核时限 | 50min | 题　型 | C | 题　分 | 30 |
| 试题正文 | 三相三线有功电能表、三相三线 60°无功电能表，同两只电流互感器和一台三相五柱式电压互感器的联合接线 ||||||
| 需　要说明的问题和要求 | 1. 独立操作<br>2. 在配电盘上操作<br>3. 工作中应做好安全防护措施<br>4. 发生事故，取消考核 ||||||
| 工具、材料、设备场地 | 1. 工具自备<br>2. 材料计量设备现场提供 ||||||

| | 序号 | 项　目　名　称 | 满分 |
|---|---|---|---|
| | 1 | 准备工作 | 1 |
| | 2 | 固定计量设备 | 5 |
| | 3 | 连接导线 | 20 |
| | 4 | 完工检查 | 2 |
| | 5 | 加封并做好设备资料登记 | 2 |
| 评分标准 | 质量要求 | 1. 接线正确无误<br>2. 导线连接牢固<br>3. 表体安装牢固、无倾斜<br>4. 接地线牢固可靠<br>5. 电流互感器、电压互感器极性正确<br>6. 操作过程安全<br>7. 操作步骤得当<br>8. 通电后确认计量装置运行正常<br>9. 加盖加封，填写资料 | |
| | 得分或扣分 | 1. 导线连接不紧，扣 2 分<br>2. 表计倾斜超过 1°，扣 3 分<br>3. 电流互感器安装方向不同或极性接反，扣 10 分<br>4. 电压互感器极性接错，扣 10 分<br>5. 三相五柱电压互感器一、二次侧没有可靠接地，扣 5 分<br>6. 布局不合理，扣 2 分<br>7. 操作步骤不合理，扣 1 分<br>8. 连接导线未做到横平竖直，扣 2 分<br>9. 导线接头金属部分外露，扣 2 分<br>10. 工作中存在不安全行为，扣 3 分<br>11. 通电后用相位伏安表检查接线，接线错误不得分，判断错误扣 10 分<br>12. 一处未加封，扣 2 分<br>13. 工作票填写错误或一处涂改，运行人员或客户未签字，扣 2 分<br>14. 超时 5min 以内扣 10 分，超时 5min 以上不得分<br>15. 本题分数扣完为止 | |

行业：电力工程　　　　　工种：装表接电　　　　　等级：高

| 编　　号 | C03C038 | 行为领域 | e | 鉴定范围 | 2 |
|---|---|---|---|---|---|
| 考核时限 | 90min | 题　型 | C | 题　分 | 40 |
| 试题正文 | 35kV 大电流接地系统双向计量装置的联合接线 | | | | |
| 需　　要说明的问题和要求 | 1. 独立操作2. 在配电盘上操作3. 工作中应做好安全防护措施，发生事故取消考核 | | | | |
| 工具、材料、设备场地 | 1. 工具自备2. 材料计量设备、仪器仪表现场提供（设备有三相三线、三相四线有功电能表，三相无功电能表，电压互感器，电流互感器若干，专用接线盒，铜芯导线） | | | | |

| | 序号 | 项　目　名　称 | 满分 |
|---|---|---|---|
| 评分标准 | 1 | 开工前准备工作 | 2 |
| | 2 | 固定计量设备 | 15 |
| | 3 | 连接导线 | 15 |
| | 4 | 通电前检查 | 6 |
| | 5 | 加封 | 2 |
| | 质量要求 | 1. 工作票填写正确，无涂改2. 认真选择各项设备、合理布局3. 接线正确无误4. 导线连接牢固5. 一、二次回路接地线接地正确牢固6. 按照二次回路技术要求对二次回路进行检查7. 安装完工后无电检查8. 通电后确认计量装置运行正常9. 操作过程安全10. 操作步骤得当11. 加盖加封 | |
| | 得分或扣分 | 1. 设备选择错误，扣 10 分2. 电流互感器极性错误，扣 10 分3. 电压互感器极性错误，扣 10 分4. 导线连接不紧，扣 2 分5. 一、二次回路接地不正确，扣 8 分6. 表计倾斜超过 1°，扣 3 分7. 表计安装不牢固，扣 1 分8. 布局不合理，扣 2 分9. 各连接导线未做到横平竖直，扣 2 分10. 导线接头金属部分外露，扣 2 分11. 没有按照技术要求检查二次回路，扣 5 分12. 没有进行无电检查扣 5 分13. 通电后用相位伏安表检查接线，接线错误不得分，判断错误扣 10 分14. 工作中存在不安全行为，扣 5 分15. 操作步骤不合理，扣 2 分16. 一处未加封，扣 2 分17. 工作票填写错误或一处涂改，运行人员或客户未签字，扣 2 分18. 超时 10min 以内扣 10 分，超时 10min 以上不得分19. 本题分数扣完为止 | |

行业：电力工程　　　　工种：装表接电　　　　等级：高

| 编　号 | C03C039 | 行为领域 | f | 鉴定范围 | 2 |
|---|---|---|---|---|---|
| 考核时限 | 30min | 题　型 | C | 题　分 | 30 |

| 试题正文 | 10kV 计量箱的绝缘电阻和直流电阻测试 |
|---|---|
| 需　要<br>说明的问<br>题和要求 | 1. 独立操作<br>2. 在室内场地操作<br>3. 工作中应做好安全防护措施，发生事故取消考核 |
| 工具、材料、<br>设备场地 | 1. 工具自备<br>2. 材料设备、仪器仪表现场提供（10kV 计量箱、500V、2500V 绝缘电阻表、单臂、双臂电桥、连接导线若干） |

| 评<br>分<br>标<br>准 | 序号 | 项　目　名　称 | 满分 |
|---|---|---|---|
| | 1<br>2<br>3<br>4<br>5 | 开工前准备工作<br>正确选择仪器仪表<br>连接导线<br>正确测试<br>清理现场 | 2<br>10<br>5<br>10<br>3 |
| | 质量<br>要求 | 1. 认真选择仪器仪表<br>2. 检查仪器仪表<br>3. 导线连接牢固、正确<br>4. 应知所测项目<br>5. 按照要求进行接线检查<br>6. 测量完毕后做好记录<br>7. 操作过程安全<br>8. 操作步骤得当 | |
| | 得分或<br>扣分 | 1. 未对计量箱进行外观检查，扣 2 分<br>2. 仪器仪表选择错误，扣 5 分<br>3. 未检查仪器仪表的完好性，扣 3 分<br>4. 导线连接不紧，扣 2 分<br>5. 导线连接错误一处，扣 2 分<br>6. 测试结果不正确一处，扣 3 分<br>7. 工作中存在不安全行为，扣 5 分<br>8. 操作步骤不合理，扣 2 分<br>9. 未清理工作现场，扣 2 分<br>9. 超时 10min 以内扣 10 分，超时 10min 以上不得分<br>10. 本题分数扣完为止 | |

行业：电力工程　　　　工种：装表接电　　　　等级：高

| 编　号 | C03C040 | 行为领域 | e | 鉴定范围 | 2 |
|---|---|---|---|---|---|
| 考核时限 | 40min | 题　型 | C | 题　分 | 30 |
| 试题正文 | 实负荷换表 | | | | |
| 需　要<br>说明的问<br>题和要求 | 1. 一人操作、一人监护<br>2. 要求正确使用、填写安全工作命令票、换表工作单<br>3. 换表前后测量计量装置二次电流、电压、计量元件功率角<br>4. 要求在计算页上完成换表期间无表计量实际用电量的计算及依据<br>5. 操作中若出现电压短路或接地、电流开路，考核成绩不合格 | | | | |
| 工具、材料、<br>设备场地 | 1. 实负荷三相四线有功计量装置一套（带试验接线盒）<br>2. 校验合格的有功电能表一块、双钳伏安相位仪一块<br>3. 学员自带常用工器具、验电笔，按规程要求着装<br>4. 自带函数计算器、文具<br>5. 换表工作单、计算页、安全工作命令票一份 | | | | |

| | 序号 | 项　目　名　称 | 满分 |
|---|---|---|---|
| 评<br><br>分<br><br>标<br><br>准 | 1<br>2<br>3<br>4<br>5<br>6<br>7<br>8 | 着装<br>开工前准备工作<br>填写安全工作命令票<br>正确填写换表工作单<br>工器具的使用<br>换表工作<br>收尾工作<br>计算电量 | 2<br>2<br>2<br>5<br>2<br>10<br>2<br>5 |
| | 质量<br>要求 | 1. 按要求着装<br>2. 注明带电部位，写明安全措施和技术措施<br>3. 正确填写工作单<br>4. 检查封印完好，观察表计运行情况<br>5. 记录所测电流、电压及功率角<br>6. 正确短接电流、断开电压、记录短接时间并告知用户<br>7. 按规程要求换表，并做好标记，恢复表计运行，并告知用户<br>8. 确认表计正常运转后加封<br>9. 正确计算换表期间未记电量<br>10. 操作过程安全<br>11. 操作步骤得当 | |
| | 得分或<br>扣分 | 1. 未办安全工作票或未指明带电部分和采取安全措施，扣10分<br>2. 不按要求着装一处，扣1分<br>3. 没有明确安全措施、带电部位一处，扣2分<br>4. 参数录入不正确一处，扣1分<br>5. 起止度抄录不正确，扣2分<br>6. 无短接时间，扣3分<br>7. 未告知用户及签字，扣3分<br>8. 测量结果不正确一处扣1分，使用仪器不当一次扣0.5分<br>9 未将各相电流可靠短接、电压完全断开，恢复时未紧一处扣5分<br>10. 换前、换后未观察表计运行情况扣1分<br>11. 加封不正确一处扣0.5分<br>12. 计算公式错误、带入数据错误、结论错误各扣2分<br>13. 工作中存在不安全行为，扣5分<br>14. 操作步骤不合理，扣2分<br>15. 未清理工作现场，扣2分<br>16. 本题分数扣完为止 | |

# 5 试卷样例

## 中级装表接电员知识要求试卷

**一、选择题**（每题 2 分，共 20 分）

下列每题中只有一个是正确答案，将正确答案的代号填入括号内。

1. DD862 型电能表能计量（　　）。

（A）单相有功电能；（B）三相三线有功电能；（C）三相四线有功电能；（D）无功电能。

2. 电工绝缘材料是按其在正常运行方式下允许的最高（　　）分级的。

（A）工作电压；（B）工作温度；（C）机械强度；（D）工作电流。

3. 加速绝缘材料老化的主要原因是使用的（　　）。

（A）电压过高；（B）电流不正常；（C）温度过高；（D）温度过低。

4. 使用钳形电流表，可先选择（　　）。

（A）最高档位，然后再根据读数逐次切换；

（B）最低档位，然后再根据读数逐次切换；

（C）刻度一半处，然后再根据读数逐次切换；

（D）刻度的 2/3 处，然后再根据读数逐次切换。

5. 三相电路中，流过每相电源或每相负载的电流叫（　　）。

（A）线电流；（B）相电流；（C）工作电流；（D）额定电流。

6. 交流电的瞬时值从负值向正值变化经过零值的依次顺序叫（　　　）。

（A）相位；（B）相序；（C）相角；（D）相量。

7. 由于线圈本身的电流变化，而在线圈内部产生的电磁感应现象叫（　　　）。

（A）自感；（B）感抗；（C）互感；（D）电感。

8. 一种将大电流变成小电流的仪器叫（　　　）。

（A）电流互感器；（B）变压器；（C）电压互感器；（D）电抗器。

9. 一种最简单的保护电器串接在电路中使用，用以保护电气装置，使其在过载和短路中电流通过时断开电路，避免损坏设备的叫（　　　）。

（A）灭弧器；（B）变流器；（C）熔断器；（D）断路器。

10. 用来检验高压网络、交配电设备、架空线及电缆是否带电的工具称为（　　　）。

（A）绝缘棒；（B）高压验电器；（C）钳形电流表；（D）验电笔。

二、判断题（每题 2 分，共 30 分）

判断下列描述是否正确，对的在括号内打"√"，错的在括号内打"×"。

1. 电力变压器中的油所起的主要作用是绝缘和灭弧。

（　　　）

2. 一般配电线路应装设的电气仪表是电流表、功率表。

（　　　）

3. 变压器正常运行的声音是断断续续的嗡嗡声。（　　　）

4. 变压器过负荷、过电压引起的声音是较大的嗡嗡声。

（　　　）

5. 电气工作人员在 10kV 配电装置中工作，其活动范围与带电设备的最小安全距离是 0.35m。（　　　）

6. 单台感应电动机熔丝的额定电流可取电动机额定电流

的 1.5～2.5 倍。 （    ）

7. Ⅰ类电能表应每半年检验一次，每 5 年轮换一次。
（    ）

8. Ⅰ类电能表计量装置应装设 1.0 级的有功电能表和 2.0 级的无功电能表。 （    ）

9. 电能表铭牌上写的 DD862 是指单相电能表型号是 862 系列。 （    ）

10. 用来计量用户有功电能的电能表其准确度应不低于 2.0 级。 （    ）

11. 用来计量用户无功电能的电能表其准确度应不低于 3.0 级。 （    ）

12. 与计费电能表配套使用的互感器其准确度应为不低于 2.0 级。 （    ）

13. 电能表安装时，要求与地面的高度是 1.0～1.5m。
（    ）

14. 电能表若安装于立式屏上时要求与地面的高度是 0.7m。 （    ）

15. 电能表若安装于成套开关柜内时，要求与地面的高度 是 0.7m。 （    ）

**三、简答题**（每题 5 分，共 15 分）

1. 影响电流互感器的误差因素主要有哪些？

2. 在带电的电流互感器二次回路上工作，应采取哪些安全 措施？

3. 安装三相四线有功电能表为防止断零线或零线接触不 良有哪些措施？

**四、计算题**（每题 5 分，共 10 分）

1. 有一三相四线低压计量用户，原来电流互感器变比是 200/5，由于更换时将其中一只电流互感器变比错换成 300/5，而计算有功电量时全部以 200/5 计算，若抄表计算得实用电量 为 10 万 kWh。问应追回多少电量？

2. 有一只标有额定电压220V，电流为5A的电能表，试求该表可以计量多大功率的负载？如果只接照明负荷，可接60W的灯泡几个？

**五、绘图题**（每题5分，共10分）

1. 画出感应型单相电能表的简化相量图。

2. 画出用调压器AV，升流器AA、标准电流互感器TA。两只0.5级以上的交流电流表来测量电流互感器TA$_x$变流比的接线图。

**六、论述题**（每题15分，共15分）

既然提高功率因数有那么多好处，为何不将用户的功率因数提高到1？

# 中级装表接电工技能要求试卷

一、安装一只三相四线带电流互感器、电压互感器接入的有功电能表和无功电能表。（40分）

二、画出两台单相电压互感器的V/V型接线图。（15分）

三、画出三相四线带互感器接入有功、无功电能表接线图。（15分）

# 中级装表接电工知识要求试卷答案

**一、选择题**

1.（A）；2.（A）；3.（C）；4.（A）；5.（B）；6.（B）；7.（A）；8.（A）；9.（C）；10.（B）。

**二、判断题**

1.（×）；2.（√）；3.（×）；4.（√）；5.（√）；6.（√）；7.（×）；8.（×）；9.（√）；10.（√）；11.（√）；12.（√）；13.（×）；14.（×）；15.（√）。

**三、简答题**

1. 答：主要有以下几方面的因素。

（1）一次电流$I_1$的影响，当系统发生短路时，一次电流$I_1$

将剧增至额定值的数倍，此时电流互感器将工作在磁化曲线的非线性部分，电流误差及角误差都剧增。

（2）二次回路阻抗 $Z_2$ 及功率因数 $\cos\varphi_2$ 的影响。二次回路阻抗 $Z_2$ 增加会使误差增大，功率因数的降低会使电流误差增大而角误差减少。

（3）电流频率的影响。频率对误差影响一般不大，当频率增加开始时，误差有点减少，而后则不断增大。

2. 答：在运行中的电流互感器二次回路上工作，不准其开路，以确保人身和设备安全，如需要校验或调换电流互感器二次回路中的测量仪表时，应先用铜片，将电流互感器二次接线柱端子短路。

3. 答：安装三相有功电能表时为防止零线断路或因零线在电表里接触不良而造成用户用电设备烧坏，因此，在三相四线电路中，零线不剪断接入电表，只在零线上用不小于 $2.5\text{mm}^2$ 的铜芯绝缘线 T 接到三相四线电能表的零线端子上，以供电能表电压元件回路使用，零线在中间没有断口的情况下直接接到用户设备，这样可减少用户供电线路上断零线事故发生。

### 四、计算题

1. 解：错误接线的用电量

$$W_1 = \frac{1}{3} + \frac{1}{3} + \frac{1}{3} \times \frac{\dfrac{200}{5}}{\dfrac{300}{5}} = \frac{8}{9}$$

更正系数

$$K = \frac{1 - \dfrac{8}{9}}{\dfrac{8}{9}} \times 100\% = 12.5\%$$

应追电量

$W$=实用电量×12.5%=100000×12.5=12500kWh

答：应追回电量 12500kWh。

2. 解：$P=UI=220\times5=1100$（W）

$$1100/60\approx18\ \text{只}$$

答：可接 60W 的灯泡 18 只。

五、绘图题

1. 答：见图 1。

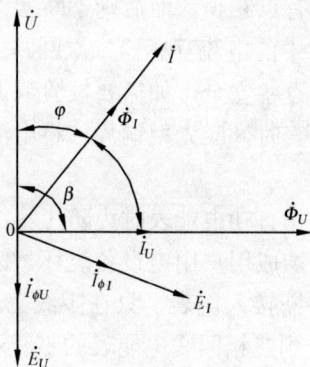

图 1

2. 答：见图 2。

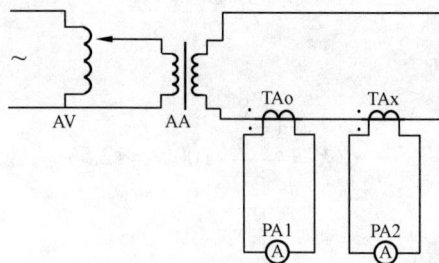

图 2

## 六、论述题

答：其原因如下：

（1）用户的自然功率因数一般在 0.8 以下，如果补偿到 1，则要增加许多补偿设备，从而增加了投资。

（2）更重要的是，用户负荷是变化的，若满负荷时的功率因数为 1，低负荷时必然造成过补偿，于是无功过量，即进相运行，电压过高，将造成电压质量问题和新的浪费。

# 中级装表接电工技能要求试卷

## 一、答案如下

| 编 号 | C03C036 | 行为领域 | e | 鉴定范围 | 1 |
|---|---|---|---|---|---|
| 考核时限 | 90min | 题 型 | C | 题 分 | 40 |
| 试题正文 | 安装一套高压计量装置［包括 TA、TV（V/v 接线），有功、无功电能表，接线盒］ | | | | |
| 需要说明的问题和要求 | 1. 要求独立完成<br>2. 现场操作，不得触动其他运行设备，发生事故，停止考核<br>3. 注意安全 | | | | |
| 工具、材料、设备场地 | 1.DS862、DX863 型有功、无功电能表各一只<br>2. 高压计量柜一台，联合接线盒一只<br>3.10000/100 单相电压互感器两只，两只 100/5 电流互感器<br>4. 工具自备<br>5. 万用表一只<br>6. 单股铜芯线若干米 | | | | |

| 评分标准 | 序号 | 项 目 名 称 | 满分 |
|---|---|---|---|
| | 1 | 填写工作票 | 5 |
| | 2 | 互感器极性检查 | 10 |
| | 3 | 电能表、互感器安装 | 8 |
| | 4 | 二次导线连接 | 15 |
| | 5 | 加封 | 2 |

| 序号 | 项 目 名 称 | 满分 |
|---|---|---|
| 评分标准 | 质量要求 | 1. 正确填写工作票<br>2. 互感器极性试验正确<br>3. 电能表、互感器安装符合要求（TV 安装在 TA 线路后）<br>4. 电能表电压回路按 ABC 正相序接入，互感器二次线接线正确<br>5. 布线规范、整齐<br>6. 操作步骤得当 | |
| | 得分或扣分 | 1. 互感器极性判定错误一处，扣 5 分<br>2. 互感器安装错误，扣 5 分（TV 安装在 TA 线路前）<br>3. 操作步骤不合理，扣 2 分<br>4. 布线不整齐、不规范，扣 3 分<br>5. 电能表电压回路接线错误，扣 20 分<br>6. 电能表电流回路接线错误，扣 20 分<br>7. 工作票填写错误和涂改一处，扣 2 分<br>8. 超时 5min 以内扣 10 分，超时 5min 以上不得分<br>9. 本题分数扣完为止 | |

二、答案见图 **3**。

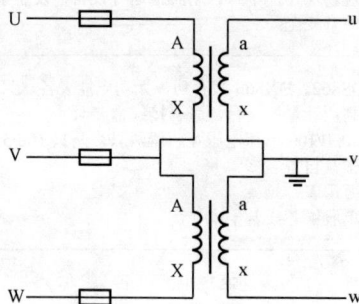

图 3

三、答案见图 **4**。

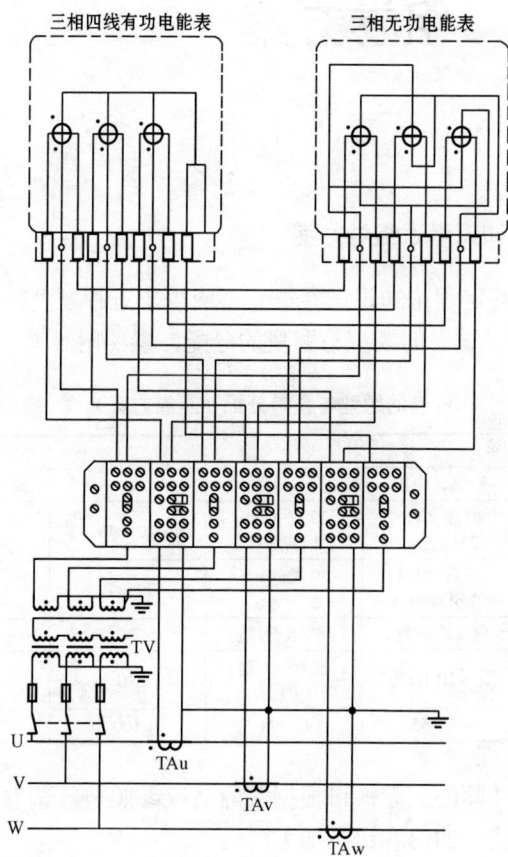

图 4

# 6 组卷方案

## 6.1 理论知识考试组卷方案

技能鉴定理论知识试卷每卷不应少于五种题型，其题量为45～60题（试卷的题型与题量的分配，参照附表）

附表　　　试卷的题型与题量分配（组卷方案）表

| 题型 | 鉴定工种等级 | | 配　分 | |
|---|---|---|---|---|
| | 初级、中级 | 高级工、技师 | 初级、中级 | 高级工、技师 |
| 选择 | 20题（1～2分/题） | 20题（1～2分/题） | 20～40 | 20～40 |
| 判断 | 20题（1～2分/题） | 20题（1～2分/题） | 20～40 | 20～40 |
| 简答/计算 | 5题（6分/题） | 5题（5分/题） | 30 | 25 |
| 绘图/论述 | 1题（10分/题） | 1题（5分/题）2题（10分/题） | 10 | 15 |
| 总　计 | 45～55 | 47～60 | 100 | 100 |

高级技师的试卷，可根据实际情况参照技师试卷命题，综合性、论述性的内容比重加大。

## 6.2 技能操作考核方案

对于技能操作试卷，库内每一个工种的各技术等级下，应最少保证有5套试卷（考核方案），每套试卷应由2～3项典型操作或标准化作业组成，其选项内容互为补充，不得重复。

技能操作考核由实际操作与口试或技术答辩两项内容组成，初、中级工实际操作加口试进行，技术答辩一般只在高级工、技师、高级技师中进行，并根据实际情况确定其组织方式和答辩内容。